不失控

别再让坏情绪左右你

董万利 任国渠◎编著

中国妇女出版社

图书在版编目（CIP）数据

不失控：别再让坏情绪左右你 / 董万利，任国渠编著 . —北京：中国妇女出版社，2017.10

ISBN 978-7-5127-1514-1

Ⅰ . ①不… Ⅱ . ①董… ②任… Ⅲ . ①情绪—自我控制—通俗读物 Ⅳ . ①B842.6-49

中国版本图书馆 CIP 数据核字（2017）第 191186 号

不失控：别再让坏情绪左右你

作　　者：董万利　任国渠　编著
责任编辑：魏　可
责任印制：王卫东
出版发行：中国妇女出版社
地　　址：北京市东城区史家胡同甲24号　　邮政编码：100010
电　　话：（010）65133160（发行部）　65133161（邮购）
网　　址：www.womenbooks.cn
经　　销：各地新华书店
印　　刷：三河市天润建兴印务有限公司
开　　本：170 × 240　1/16
印　　张：15
字　　数：176千字
版　　次：2017年10月第1版
印　　次：2017年10月第1次
书　　号：ISBN 978-7-5127-1514-1
定　　价：35.00元

［前言］

在竞争激烈的现代社会，无论是面对家庭，还是身处职场，我们似乎一直忙碌、紧张，承受着方方面面的压力与诱惑。

有些人往往一直在边缘情绪周围游走，在我们周围这种人其实并不少见：明明是别人的故事，是肥皂剧，却会迅速入戏，把情节嫁接到自己身上；为一点儿小是小非就动辄得咎、上纲上线地批判计较，走在路上总觉得所有人都在谈论自己；也有一类人，喝茶一定要用最好的潮汕风炉和孟臣罐；西餐一定要来自里海的鲟鱼鱼子酱和来自法国的鹅肝，怎么苛求完美怎么来……这些人说到底都是情绪极端的族群。

几乎每个人都在与坏情绪做抗争，因为它是我们生活的一部分，你越回避，它就追得越紧。这迫使我们必须正面应对、掌控它，将它对我们工作、生活的消极影响降至最低。

我们要知道，无论生活把什么呈现在了我们面前，都将成为过去，如果我们不能在一次次的冲击中沉淀自己，就会使自己越来越浮躁，从而走上濒临崩溃的边缘。

人生其实是残酷而又现实的，没有人会为你等待，也没有机会肯为你停留，只有努力地向前奔跑，才能跟得上时代的脚步。此时，我们的心里难免会积存一些负面情绪，时不时出现一些令人不快的小状况。只要我们能够理性看待，适度调节，这些都不过是生活里的小插曲。

丹麦哲学家索伦·克尔凯郭尔说过：“要么你去驾驭生命，要么是生命驾驭你，你的心态决定了谁是坐骑、谁是骑师。”确实，一个人的态度直接决定他在人生中扮演的角色，人在不同态度的左右下可以演绎出不同的人生。你可以成为驾驭人生的骑师，也可以选择被人生驾驭，人生的角色都是自己选择的。

老话说得好——傻人有傻福。傻人并不是真傻，只是懂得自我调整心情。有的人虽然看起来不问世事，但一路向前，坚持信念，天天都快乐，处处受欢迎，日子也是清风明月。

仔细探究，我们可以发现，很多在各自世界里取得成功的人士，其内心深处都隐藏着一种绝妙的情绪。世间事纷繁复杂，何必在乎？何必计较？何必争吵？一个心灵烦杂的人，本身就不具备掌控力。只有心灵宁静致远，才能在纷纷扰扰中看出万事万物的本真。

本书汇集了关于得失、忍让、取舍、坚持、宽容、自控、幸福、知足等方方面面的人生话题。通过案例与分析，详尽地阐释好心情、好心态在人的命运中所起的决定性作用，从不同视角告诉我们拥有好心态就是大智慧。心情好，比一万种智慧更有力量。要想做一个胸怀宽广而好运常伴的人，就从这本书开始吧。

目录
CONTENTS

第一章
掌控命运，从掌控你的情绪开始

面对各种机会、诱惑、困境、烦恼，要想把握自己，就必须控制自己的思想，必须对思想中产生的各种情绪保持警觉，并且视其对心态的影响是好是坏而接受或拒绝。

第二章
换个角度想问题，别让坏情绪绑架你

人生短短几十年，换个角度仔细想想，没有什么事情是不能被包容的，那么我们何不敞开胸怀去面对一切，做最好的自己，让人生更加精彩，让自己从此享受快乐的人生！

第三章

从今天起，做自己情绪的主人

能否理智地驾驭自己的情绪，是区分强者与弱者的方法之一。你之所以是弱者不在于战胜不了别人，而在于战胜不了你自己。

第四章

打开心胸，才能走得更远

心外世界的大小并不重要，重要的是内心世界的宽窄。一个胸襟宽阔的人，纵然住在一个小天地里，亦能转境，把小天地变成大世界；而一个心量狭小的人，即使住在摩天大楼里，也会是鼠目寸光。

第五章

提升自控力，做心平气和的自己

人生在世，最难又最简单的一件事情就是管好自己。换言之，就是一个人必须具备自觉地调节和控制自我的能力。只有这样，我们才能够冷静地对待周围所发生的事情，有意识地控制自己的思想，约束自己的行为，提升自己。

第六章
淡定面对情绪负能量，给你的心情“排排毒”

淡定是一种心态，更是我们必修的人生智慧；淡定是一种修养，更是指引我们找到幸福的终极秘诀；淡定是一种境界，更是一种改变我们人生的力量。

第七章
心态充满正能量，逆境也会变坦途

正能量会增强你的信心和弹性，而负面情绪则会使你失去宽容和正义感。如果无法控制自己的情绪，你将会因为一时的情绪失控而受到伤害，付出代价。

第八章

爱情不失控：爱在时当守，逝去时当放

看大千世界万事万物，有失败就会有成功，有完美就会有缺陷，应让一切顺其自然，以坦然的心态面对生活，面对人生。逝去的就留作纪念吧，得到的要更加珍惜，有梦想就应加倍努力。

第一章

掌控命运，从掌控你的情绪开始

面对各种机会、诱惑、困境、烦恼，要想把握自己，就必须控制自己的思想，必须对思想中产生的各种情绪保持警觉，并且视其对心态的影响是好是坏而接受或拒绝。

神经过敏也是情绪失控的一种

现代人的生活已经离不开手机，打电话、发短信、看资讯等，都需要手机，有时候我们无法想象，没有手机的日子该怎么过。于是，手机幻听成了现代人的心理疾病。不信？我说几种现象：

1. 担心手机会响，每半小时看一次；

2. 手机无来电，却能“听”到手机铃声；

3. 无论手机放在哪里，都觉得手机在响铃或振动；

4. 手机来电时异常紧张，甚至心跳加速；

5. 换了新手机，还总“听”到旧手机铃声。

这种现象是不是很普遍？如果你只有其中的一种或者两种现象，说明你只是有手机幻听的现象，如果多了，时间长了，这难免会成为一种心理暗疾。手机幻听，通俗地讲，也就是“手机过敏”，就是对手机及其铃声、震动和短信等的过度反应。

除了对手机反应过敏外，现代人还有各种各样的过敏症状：比如花粉过敏的人闻到某种花粉就会喷嚏连天，甚至出现某种皮肤病；药物过敏的人服用某种药物就会出现一系列的病症。

敏感，并不一定是缺点，对事物敏感的人往往有灵气，有创造力。那些各行各业的精英，正是因为对行业和工作细节，善于和敢于分析研究，才创造了一个又一个的奇迹。可凡事都有度，过犹不及，一旦一个人过于敏感，思想和意念就会因为周围人的情绪和想法而改变，别人不管说什么马上就会联系到自己，继而否定自己，时间一长，人变得自卑，思想也变得脆弱起来了。

美雅非常善良贤惠、勤劳能干，她和丈夫有一家不小的企业，她负责广告宣传，丈夫负责策划和管理，两个人是大家眼里的“神仙眷侣”“黄金搭档”。可这样幸福的小家庭却因为去年的一件小事而破裂了。

有一年，美雅到武汉出差，借机探望大学同学，偶然得知同学患了淋巴癌。在聊天中，同学叮嘱她，一定要记得检查身体，千万别等到出现问题的时候才去补救，以免遗憾终生。

这件事对美雅的影响很大，回来之后，她抽空去医院检查了身体。这一检查不要紧，诊断书上的“乳腺癌中期”的字样几乎要将她瞬间击垮。尽管治疗很及时，她的左侧乳房病灶已经被切除，病情得到了很好的控制。可接下来，她整个人都变了，走在街上觉得人人都在看自己怪异的身体，常常暗自叹息流泪。和家人同事在一起，总觉得大家每一句话都在说自己，她就会立刻说出尖酸刻薄的话反唇相讥。跟客户谈判的时候，她觉得客户的挑剔也是冲着她的缺陷来的……时间一久，周围的人和她相处时都变得小心翼翼，后来只好避而远之了。手术虽然很成功，但她在术后两个月就抑郁而终了。

美雅同学的病情要严重得多，但她却乐观地生活着，选择科学适当的治疗方法，去健身、去享受美食、去旅行，还花大量的时间和那些与她患同样病的患者交流谈心，并且成立基金会，帮助那些需要帮助的人。直至现在，她依然快乐幸福地活着，病情也得到了很好的控制。

同样严重的病症出现了两个截然不同的结果，究其原因就在于对自己情绪的管理不同。一般来讲，心理敏感的人因过分注重生活的细节，往往会被细节伤害。生活中固然有很多细节，但大部分可以被我们忽略，这种忽略是身体和心理自我保护机制的一部分，是一种有效的心理缓冲机制。

形成心理敏感的原因有很多，比如在紧张的生活节奏和生存压力下，人会被动地增添很多消极触点，焦虑、躁动成了一种流行和普遍的情绪；也有一些人是因为过度在意自我感受被周围的人和环境感染所致。归于个人原因，敏感的人往往我行我素，希望受人重视，获得他人的尊重和关心，在与人交往中，往往忽视他人的需要和存在，对别人过于挑剔，以自我为中心，使自己陷入更加孤独的境地。一旦这样的心态受到影响或者冲击，他们往往会变得更加脆弱，对自己不自信，遇事摇摆不定，为人消极自卑，如果不注意调整和改变，久而久之，会越来越缺少宽容、接纳的品质，总认为自己没有缺点，无可挑剔。事实上，人人都有优点，人人也都有缺点，只有胸襟坦荡、虚怀若谷才能改变脆弱，使别人接纳自己，让自己融入社会，从而获得别人和社会的理解。

安徒生童话中《豌豆公主》的故事想必大家都知道。尽管最后的故事结局皆大欢喜，但仔细想来，王子一家虽然贵为皇族，但在现实中其实非常可怜。他们看似强大，实则脆弱，他们苛求公主的完美，以换取内心短暂的安全和幸福，但终会发现那些愿望和要求给自己带来的只会是更多的烦恼。

生活里也有很多“豌豆男”“豌豆女”，他们因自己的要求而焦虑和不自信，不仅仅丢失了他们原本优秀的品质和才能，还给生活带来了很多痛苦和不幸。如果一个人过于敏感，就会因为一些可能根本没有或不会发生的事而忧愁烦恼、郁郁寡欢；甚至会形成严重的嫉妒心理，变得狭隘，一点儿风吹草动都足以使他慌乱不堪。不管是大事小情，他们总是放不下，因此弄得自己很累。特别是碰上棘手的事，却又没有办法解决时，神经就会濒临崩溃。

敏感会让一个人变得脆弱，会让一个人变得不自信甚至不幸。如果你恰好是这样的人，那么请你认真地读下去，千万别让神经过敏毁了你的一生，剥夺了你的快乐与幸福。

积极的人生，需要微笑面对

在我们身边，总会有一些人交往起来让人感觉如履薄冰：他们心眼儿特别小，一句不经意的话都可能让他们听出敌意；神经绷得特别紧，一点点风吹草动都能让他们如临大敌；感情特别脆弱，话说轻或说重了都会让他们郁闷很久。虽然每个人都可能会有这样那样的小问题，但过于消极会变得害人害己，时间久了，还会引发许多心理疾病以及人格障碍。

这绝对不是危言耸听，身为医生的表姐告诉我两个病例。

有一位40岁左右的中年女性。几个月前忽然感觉到上不来气，胸痛，而且疼痛一闪而过，痛点不固定。她焦虑地跑到医院做检查，可是并没有发现器质性病变。经过医生耐心地询问才知道，这位患者有一次晚上回家，发现后面有个男人追她，她慌忙跑回家后就感觉上气不接下气。第二天就感觉胸闷，她以为是感冒了，之后很长一段时间，发现自己只要走几十米的路就会感到心慌气短，身体的各种不适也接踵而至。

还有一个类似的病症。

有一位男性患者，他出现类似的症状，心慌气短，心跳加速。去医院做检查后发现一切都好，可他还是放心不下，要求住院治疗。在打过一阵消炎针，吃过一段时间消炎药后，他“康复”回家了。不久，他的老毛病又犯了，起因是邻居几句无心的话。那天，几个邻居一起讨论近期发生的盗窃案，他觉得邻居是话里有话，怀疑他。回去后越来越想不通，反复反思自己，于是“病”又犯了。所幸的是，由于他想到自己反正时日不多，不如出去做些快乐的事。于是，他去福利院做了义工，每天和孩子们待在一起感觉很快乐。一晃一年过去了，他的病却再也没有复发过。

一般来说，过于消极的人大多是因为受到生活中某件事情的刺激，原有的安全感被打破，以至于太过在意身体和生活里某些细微的变化，再加上缺乏相应的心理疏导，不断地受到负面的心理暗示的结果影响。从个人因素看，多疑、主观、固执、谨小慎微，过分关注身体和要求完美的人，容易受到疑心病的困扰。

说到这里，大家肯定都能看出来，上述两例中的患者都不是心脏病，而是心理问题。具体来说就是焦虑症中的惊恐发作，因为一些子虚乌有的担心自己吓坏了自己。这通常是早年的心理创伤没有处理好，形成某种消极的反应模式所致，一旦遇到可能引发创伤的类似刺激，他们就会有夸大的过激反应。

还有人过于担心，过于忧虑，以至于杞人忧天。2012 世界毁灭的传说原本是个荒诞的预言，但在一些人的心里却真的成了“世界末日”。在一次讲课时，我无意中提起这个话题，结果就有学生说：“多可悲啊，我才 21 岁，还没有结婚，还没有孩子，还没有车子房子，还没体会更多活着的乐趣，世界就到了末日……”

聪明而不豁达是有些现代人存在的问题。因为聪明所以看懂很多人，看透许多事，可以创造很多奇迹，但在赢得这些的同时，人们也变得更加脆弱、紧张和焦虑，对需要做出的选择常常感到无助和无奈。人们经常担心蔬菜上的农药会带来身体的病变；害怕忽然有一天自己没了工作没了收入，无处安家，无法立命；焦虑婚姻中的另一半会悄悄地背叛自己；怀疑周围所有人都对自己有敌意，更有甚者，看到别人的一个动作，一个眼神，听到一句无心的话都会坐卧不安、如临大敌。有些事想得太多未必是一件好事，很简单的事，想得复杂了，反而会吓坏自己。

电影《搜索》里白领叶蓝秋得知自己患了癌症情绪低落，在公车上忘记给老年人让座，由此引发出的社会舆论使她形成了巨大的心理压力。陈若兮作为媒体记者，刻意放大事实，动用各种社会资源，把此事炒作得沸沸扬扬。而此时处在风口浪尖上的叶蓝秋却勇敢地面对事实，选择了一种让自己快乐面对的方式。那么，事情真的有那么严重吗？我看未必，是媒体太紧张，社会太紧张，也是每个人的心理太紧张，所以才导致事态无限升级，演变成一场轰轰烈烈的闹剧。

仔细一想，与其紧张焦虑，倒不如像上面第二位患者一样，积极乐观，抛却一切烦恼和焦虑，坦然地生活。首先要对自己有一个正确的认识，知道自己的优点和缺点，明白自己不快乐的根源所在，是因为哪一件事和哪一个人才变得情绪焦虑，认真回答自己后，就要勇敢面对，而不是逃避。

世界是一面镜子，生活也是一面镜子，当你对它笑时，它也对你笑，当你以狰狞的面孔对它时，它也变得凶神恶煞。与其绷紧每一根神经惶恐地面对世界，不如放松每一个细胞对它微笑。要知道更多的时候，你只是因为紧张吓坏了而已。

自信的人，不会被别人的眼光所绑架

在生活和工作中，我们经常发现一些人非常在意别人如何看自己，只要听到他人有一句不好的评价，马上就紧张抵触，或者消极自怨，从而背上沉重的心理负担。尤其是当他把别人对自己的看法当成自我评价的依据时，这种心理负担就会变得更加严重。有的人甚至为了得到别人的肯定而卖力地讨好对方，仿佛只有这样心里才能踏实，如果和周围人的关系有变化，或者别人对他的态度有变化，就会变得恐惧不安。

“走自己的路，让别人说去吧。”这句话可以理解为：你是为自己而活，不是为别人而活。太在意与完全不在意别人的想法，同样会妨碍一个人的幸福。太在意别人的想法就会束缚自己，做事显得畏首畏尾；太忽视别人的想法则是孤芳自赏、以自我为中心。而这句话把重点完全放在前半句，迎合了年轻人那种无拘无束、崇尚自由、享乐的心理。

人之所以为人，就是还会“在意”一些东西。当别人给你的是善意的规劝，你就一定要在意，不要把人家的好话当作无须在意的负面回应。即使对方对你是恶意批评，也不要完全弃之不理，里面肯定有你需要改进的地方。有心的人会平心静气地自我检讨，进而谋求改进，在沙砾里捡到黄金。我们要活出真正的自己，不要为别人而活，更不要活在别人的眼光和评价里。唯有如此，才能轻松自信地做自己。

有一次，我为一个企业进行培训，遇到了一个女孩，她是一个漂亮时尚、积极上进、善解人意、工作认真的女孩。这是周围人对她的一致评价，可她却不这么认为。

她对我说：“其实不是这样的，没有人知道我每天活得有多累。我凡事要求尽善尽美，从早上比别人早起床半小时化妆开始，当天需要穿哪件衣服，佩戴哪种首饰，到进公司和同事打招呼，工作中小心翼翼地和周围人相处，几乎每一分钟我的神经都是绷得紧紧的。别人看我的眼神，我都会去揣摩半天，有时候我也觉得很无聊，没有必要，但是还会不由自主地去想：他为什么那么看我？我有什么异样吗？我什么地方得罪过他吗？是不是其他人也有这样的想法？

“有一年，那是初夏，天还稍微有点儿凉，我就穿着最新潮的夏装上班了，结果招致同事一堆非议，有人问我穿这么少不怕感冒啊，有人说那衣服款式太另类，有人说颜色太艳了不适合我的肤色，还有人说我穿新衣服是为了出风头。原本我大好的心情因为他们的话变得糟糕极了。类似的事情在我的生活里几乎每天上演，我觉得自己快要得抑郁症了。”

这个女孩还告诉我，为了取悦上司，她每天都为上司冲一杯热咖啡；为了讨好A，她把自己的化妆品送给A；为了和B搞好关系，即使不乐意，还是跟他一起去唱歌；为了改变C对自己的看法，她不惜将自己的客户让给他……她做这一切只是为了能从周围的人那儿得到肯定的评价，大家说她好，她就非常开心；如果说她不好，她就会心神不宁。

我对她说：“你这是因为太在乎别人的看法，所以才活得这么累，人累，心更累。其实完全没有必要，别人怎么看你说你，那是别人的事，最主要的是，你怎么看待自己。一千个人的心里有一千个哈姆雷特，是没有办法统一的，再说也没有必要，与其讨好迎合，不如自信自如地做自己！”

每个人活在世上，要做到完全不在意他人的眼光和看法虽不可能，但也不能时时刻刻地生活在别人的言论与目光之中。人生是自己的，别人不能帮你生活，更不能替你做出人生的评价，太在意别人的说法和看法势必会让自己很累。

就像那个追求完美的女孩，完全可以喜欢穿什么就穿什么，喜欢跟谁交往就跟谁交往，犯不着如此委曲求全。“浇花浇根，交人交心。”不是每天为他人冲杯咖啡或者把自己的客户让给对方就可以换得对方的尊重和喜欢的，身在职场，只要努力做好自己的工作，就能得到他人的认可。否则活在他人的评价和目光里，每天如芒在背，如坐针毡，这样下去，谁能受得了？别人的否定并不意味着你不好，别人的远离有时是在证明你不必和他成为朋友，这些是每个人都需要面对的一种必然和现实，无人能幸免。对此我们只能承受，但承受不意味着自我否定。人活着不是为了得到所有人的肯定，而是我们在乎我们所爱并且爱着我们的人。

所以，不要太在意别人的说法，不要继续为了逃避苛责而“被完美”，这样会很累。放弃“被完美”，顺其自然地做自己，成为自己，才能得到真正的快乐。当你不再想逃避他人的否定，当你不再奢望得到别人的好评时，你才能更容易得到他人的肯定，更容易不被别人苛责。当你做到这些时，就会惊奇地发现，快乐是如此简单。

别让较真成为一种习惯

一种健全的心态，比一百种智慧更有力量。

人作为群居动物生活在这个社会中，就注定了要和形形色色的人打交道，凡事不能由着自己的性子来，要学会适应社会。古人云："泰山不让土壤，故能成其大；河海不择细流，故能就其深；王者不却众庶，故能明其德。"这就告诉我们只有包容理解不同的人，才能活得轻松自如。

可是，人生是复杂的，人性也是复杂的，我们不可能在有限的时间中领悟人生的所有内涵，何况每个人对为人处世的理解又迥然不同，因此做人不能太较真。

有的人认为对的事情，在别人眼里却是错的；有的人认为错的事情，最后却证明是对的，这也就是有些人能够活得潇洒，有些人却活得比较累的原因之一。爱较真的人周围的朋友少得可怜，朋友遍天下的人总是那些心胸宽广的人。不较真，让我们在与人相处时相互谅解，求同存异，有肚量能容人，因此可以左右逢源，事事顺心。相反，如果是一个明察秋毫、眼里容不得半点儿沙子，遇到鸡毛蒜皮的小事也要挑剔苛刻的人，朋友最终都会避而远之，最终落得孤家寡人的下场。

任重是一家心理咨询机构的负责人。在工作上，他精益求精，对自己和下属都要求非常严格，正是因为这样，他的团队才比其他的团队实力更强，但是也因为他为人太爱较真，凡事都要列出个一二三来，以至于下属忍无可忍纷纷离职，他也只好自动歇业。

众所周知，在心理咨询中会遇到各种各样有心理疾病的患者，任重就要求每位咨询师必须全力以赴，尽善尽美。如果患者不满或者咨询师有一丁点儿的漏洞，他就会严加追究、大发雷霆。

有一次，一位抑郁症患者和一位咨询师发生了口角，原因是患者想喝柠檬水，咨询师在给他倒了杯热的柠檬水后才知道患者要的是加冰块的。这其实非常好处理，只要重新换一杯加冰的柠檬水就可以了。可是患者却认为咨询师不够敬业，对患者关心不够，于是反映到了任重那里。任重把那位咨询师叫进办公室，不分青红皂白地整整批评了一个下午。从柠檬水就应该加冰开始，到职业操守，再到香水味道太浓导致患者情绪不稳定，等等，总而言之，把咨询师批评得一无是处。

不仅仅是对这位咨询师，任重对其他下属也是如此。整个机构的人在跟他相处的过程中，感觉到的不是快乐，而是折磨。

任重为什么如此的不近人情呢？原因是他离婚了，一个人要养房养车养孩子，他所有的希望都寄托在这份工作上，只有下属努力工作，他才能保住这份事业。也就是因为如此，他变得十分较真，对于任何小事都十分在意，让较真变成了一种习惯。

做人太较真，会经常使自己陷入被动和尴尬的境地，有时甚至还会为此付出沉重的代价，就像任重那样。

跟陌生人较真不必要，因为你根本不认识他，即使他对你挑刺，骂你一顿又如何？如果你跟他吹胡子瞪眼较起真来，互相不留情面，大动肝火，甚至刀兵相见，不仅会伤害到别人，而且也对自己不利，最后只会落得个两败俱伤的下场。

跟家人不必太较真。他们是你的父母、伴侣、兄弟姐妹，是一生中你最亲近的人。他们不求回报地对你付出，给予你关怀和理解，是你一辈子最大的财富，你的较真无疑会伤害到他们。

跟同事朋友更犯不着较真。铁打的营盘，流水的兵，都是因为工作聚在一起，能聚就是缘分，也许某一天他们就会离开公司，也许你们再也不会见面。此时的较真无疑只会让大家纷纷疏远你，冷落你，最后你只会变成孤家寡人。

有些人似乎不明白这个道理，像刺猬一样时时刻刻都竖起尖锐的刺，似乎全天下的人都欠他一样。和同事在一起，同事必须和他意见统一、目标一致；和朋友在一起，需要朋友替他分忧，帮他解难。如果同事朋友都做到了，那么一切皆大欢喜；如果做不到，马上就会针锋相对。时间一长，朋友自然也就疏远他了。和家人在一起，他变本加厉，每天都有无数的要求，不管做得到做不到，都必须顺着他的意愿来，如果有非议，他就大发脾气。

看到这里，不妨请你掩卷深思，你是否真正需要你的家人、同事和朋友。如果真心需要，不妨换个角度去理解一下他们说话做事的初衷。

世界是一面镜子，你对它笑，它也会对你笑；你对它哭，它也会对你哭。你用什么样的表情取决于你想收获什么样的幸福。放下较真，当你敞开心扉微笑去面对每个人的时候，你将会发现，所有的人都会对你露出笑脸。

死要面子，就要活受罪

俗话说："人争一口气，佛争一炷香。"很多人都爱面子，都要面子，但是太在意面子，往往是丢了面子还活受罪。爱面子的人心里很奇妙，可以吃闷亏，但就是不能吃"没有面子"的亏。

爱面子无可厚非，无非是想让自己显得比别人优越一些，满足自我小小的虚荣心，可太爱面子了，就会给自己惹来麻烦。

美容店老板艾玛可以说把爱面子这件事发挥到了极致。她吃饭要去高档饭店，穿衣必须国际一线名牌，旅行必定去风景怡人的好去处。按她的收入来算，其实这些享受也能负担得起，日子倒也过得自在。可除了这些，在生活里她对面子更是看得比命还重要。

有一次，她的侄儿要去外地工作，临走前，她带侄儿去添置一些日常必需品。结账时她看到衣服和生活用品装了满满一购物车，眉头皱了起来，犹豫着要不要拿出一些来，收银员很机灵，立刻说："姐姐，一看你就是有钱有地位的人，这车东西呀，千把元钱也就打发了，这不过是你的一点儿零花钱。"一句话噎得她半天说不出话来。要知道，养房养车养孩子，加上一直保持的小资生活，艾玛其实并没有多少结余，甚至还时常出现青黄不接的状况。可被收银员那么一说，她咬了咬牙，愣是把购物车里的东西都买下来了。

侄儿一看姑妈这么大方，想必是经济优越，于是时不时地打个长途电话，要这个，要那个。她只好打掉牙往肚子里咽，不打任何折扣地满足侄儿的需求。为此，她博得亲戚一阵赞誉，可是又有谁知道她要为这样的赞美声而发愁好几天呢，因为她的钱包不知道什么时候才能再鼓起来。

朋友聚会，一桌十几个人，最后买单的大多都是她。久而久之，大家也就习惯了，只要有她在，大家就安心享用可口的饭菜，丝毫不担心这顿饭会花多少钱。谁要是有个难处，只要朝她开口，就算是跑断腿也会帮人搞定。事实上，很多时候以她的能力和关系根本办不到，可朋友说："咱俩什么交情啊，这点儿面子你肯定得给，何况以你的面子，这事儿绝对能办成。"于是她便四处奔走，求爷爷告奶奶，花钱请客。这其中遇到多少难处，花了多少钱，只有她自己知道，但她要的就是那一刻的面子。

在心理学上，爱面子是典型的"羊群效应"。所谓"羊群效应"，就是盲目心理的表现。比如现在有很多名校，你的孩子能去，我的孩子如果不去那显得多没面子啊。于是，名校就像是羊群喜爱的绿洲，只要一个家长给孩子报名，许多家长就跟风而至。

当然，适当地给别人留面子是尊重别人的表现，是人际关系的润滑剂。但是讲面子不能放弃原则，更不能没有节制，切忌不顾及后果。所以，奉劝各位，死要面子活受罪的事情还是少做为妙。现实生活中出现的小到家庭婚丧大操大办，事后生活拮据甚至举债度日；大到企业不顾现状盲目扩张，以至于最后陷入困境，这无疑都是爱面子的真实写照。

再说，面子是什么？自尊心 + 虚荣心 = 面子，担心自己的言行会让别人怎么看待，怎么评价，在这些担忧和顾虑中，很难放松心情。每个人都希望给别人留一个好的印象，在别人眼里尽可能完美，但是要知道，这个世界原本就没有完美的人和完美的事。过于爱面子的人根本原因在于没有正确地认识自己，他们对自我的心理评价主要还是来自外界：别人对他有好的评价就非常高兴，听到不好的评价就伤感或者自卑。要想摆脱这一心理，我们就应该对自我有一个正确的认知，看到自己的价值和优劣之处，这样就不会轻易受外界影响了。

那么，怎样界定自己爱面子的程度呢？是爱面子，太爱面子，还是超级爱面子？请来做完下面的测试，检测一下你爱面子的程度。

1. 你是否常常饮食不节制？

A. 很难控制，看到想吃的就会一直吃个不停 → ◎

B. 有周期性，有时很想吃有时又没食欲 → ◎◎◎

C. 是很想大吃一顿，考虑到身材只好忍下来 → ◎◎◎◎◎

2. 跟朋友一起相约吃饭，正决定去哪儿吃时，你会怎么做？

A. 主动说出自己心里想去的那一家 → ◎

B. 朋友问起时，会提出建议的餐馆 → ◎◎◎

C. 随便，都可以，不会出主意 → ◎◎◎◎◎

3. 你平时是否有固定运动的习惯？

A. 很少，除非是朋友找才会 → ◎

B. 不多，玩的也多半是那几样 → ◎◎◎

C. 有安排固定时间在做运动 → ◎◎◎◎◎

4. 坐火车很无聊时，你会不会主动和陌生人聊天？

A. 可能会吧！反正闲着也是闲着 → ◎

B. 看情况，心情很好又看对方顺眼才会 → ◎◎◎

C. 几乎不会，无聊就睡觉 → ◎◎◎◎◎

5. 下面三种活动，你想从事哪一种呢？

A. 海岸沙滩和朋友一起戏水 → ◎

B. 和朋友一起玩云霄飞车 → ◎◎◎

C. 自己一个人去爬山登高 → ◎◎◎◎◎

6. 你本身是否是一个很忙碌的人？

A. 时间排得满满的，临时要找人可能找不到我 → ◎

B. 有时会很忙，不过总觉得自己无法合理利用时间 → ◎◎◎

C. 常常会花时间在无意义的事上面，也不知道自己在忙些什么→◎◎◎◎◎

诊断分析

8~16 个◎【爱面子指数：40%】

你本身是个个性非常强烈的人，也对自己相当有自信，所以你宁愿"爱者恒爱，不爱者恒不爱"，也不愿委屈自己折中妥协，浪费时间在一些无聊的小事上。

17~24 个◎【爱面子指数：60%】

你非常懂得与人为善的道理，所以你的人气始终高居不下。虽然你也爱面子，可是由于你的手段高明委婉，旁人看来却总觉得你是个谦虚有礼的人。

25~32 个◎【爱面子指数：80%】

你很难让人家猜出你到底在想什么，所以你很少会认识外面的陌生朋友，朋友多半是来自工作或是一定会碰到的人，爱情也是。

33~40 个◎【爱面子指数：100%】

你的表情丰富，却不是真正的你，对交朋友这件事总是存有戒心，不肯随便以真面目示人，所以你的朋友也不多，常联络的就是那么几个。

当然，测试只是测试，娱乐而已。如果你的确是一个超级爱面子的人，说明你的虚荣心已经到了必须重视的地步。实际上，面子多少钱一斤，没人说得清，更重要的是，面子是自己给予的，不是别人给予的。基于此，就放下面子，放下虚荣心的包袱，轻松生活吧，这才是最有面子的活法！

别让“完美”绑架人生

完美主义者大都觉得人生有太多的不完美，生活中的不如意、工作上的不顺心、仕途上的不得志等，这些都会让他们心生遗憾。他们经常逃避这些不完美的东西，因为他们即使尽了最大的努力，还是发现没有达到他们理想中的要求，于是就极力想摆脱不完美对他们的束缚。秩序是完美主义者的基本追求，他们总是把所有的精力投注到自身所关注的事物上，致力于个人空间的井然有序。完美主义者在任何突发的情况下都显得紧张，内心极其烦躁。

纵看历史，“金无足赤，人无完人”是亘古不变的哲理。尽管如此，完美依然是人们追求理想的一种方式，并在此基础上，尽可能地实现尽善尽美。

如此追求完美不但能有效地保护自我，还可以充分发挥自己的魅力，可谓是智慧的完美。之所以说是智慧，因为它不仅巧妙地战胜了盲目自大的病态心理，还能不露痕迹地在他人面前掩盖某些无关痛痒的缺点，展示自己的优势。这当然是最乐观也是最理想的完美了。

可是否能把握好这个度，就因人而异了。要知道凡事过犹不及，当苛求遇到完美的时候，完美就成了一把利剑，将你刺得遍体鳞伤，使你成为自欺欺人的笑话，变成自讨苦吃的工具。

下面的问题，如果你绝大多数的回答是肯定的，那你无疑是一个苛刻的完美主义者。先看看以下几个问题：

1. 你在工作，当别人说话或打岔时你的注意力是否会被影响，并由此感到愠怒？

2. 当你在计划购物时，你是否不想理睬对你解说的促销人员，而是去找一些你需要的信息然后再做定夺？

3. 你是否对那些随随便便的人感到非常厌恶，并且暗自批评他们对自己的生活太不负责？

4. 你是否不停地想，某件事如果换另一种方式处理，也许更加理想？

5. 你是否经常对自己或他人感到不满，因而挑剔自己所做的任何事或他人所做的任何事？

6. 你是否经常顾及别人的感受，而放弃自己的需求和机会？

7. 你是否认为干任何事都必须全力以赴？

8. 你是否常常心里计划今天该做什么明天该做什么？

9. 你是否经常对自己的服装或居室布置感到不满意而时常变动它们？

10. 你是否因为别人没能把事情做好，而亲自去重做这项工作？

如果以上10个问题中有一半以上你回答了“是”，那么毫无疑问你的确是一名“完美主义者”。要知道一个苛求完美的人往往看谁都不顺眼，看什么事都不如意，因此他们觉得很有必要让别人知道最好的是什么，最正确和最理想的是什么，在言行举止上喜欢扮演人师的角色，不厌其烦、不由自主地教导别人该如何做事……

殊不知，这些婆婆妈妈的说教只会使你在别人心目中的地位降低，让别人感到厌烦和无法忍受。你可能还没有意识到，你把折磨当成了完美，并因此而沉醉其中，一边自寻苦恼，一边让别人痛苦。当然，如果你能把这份完美运用到工作中，或许会是另一种结果，要知道在决策和专业中需要的正是这种苛求的完美。这样的人对完美的追求使得他们要求所有的细节都万无一失，基于对效率的考虑，他们会把每个人每件材料都用得恰到好处，绝不浪费时间去做无用功。他们收集信息到了事无巨细的地步，他们认为做亡羊补牢的事不如未卜先知，正是这种局限于细枝末节的性格往往让他们无往不利。

也许因为过于心思缜密，那些苛求完美的人总是陷入深深的矛盾之中，他们会在一件事开始的时候有一股永不罢休的劲头，但后来都会衰减，原因就在于在工作和生活中，不完美会时时刻刻此起彼伏，苛求的心会时时刻刻提醒他们去否定之前的决策或提案，然后陷入一遍遍的自我否定和完善中。这种感觉日积月累，使他们整天沉浸在挫折失败、碌碌无为和愤怒的心情之中而无法自拔，力求完美的梦想变成了自讨苦吃。

著名影视演员徐帆在做客央视节目《咏乐汇》时，有观众曾问她："你丈夫是中国及亚洲最著名的导演之一，他在你心目中是完美的吗？"徐帆答道："我不会用完美这个词来描述一个人，一个人，完美了，他就不是一个人，一个人有优点有缺点，才是一个真正意义上的人，没有缺点的人是没有的。"这话说得太对了，这不正是诠释了那句"人无完人"吗？

追求完美，如同吹起一只漂亮的气球，在吹气的过程中，看着它一点一点地膨胀变大，你的心也会一点一点接近满足，见好就收无疑会给每个人留下美好的印象；反之，那只气球就会一点点地膨胀，越来越大，最后连同你那颗要强的心一起砰的一声——碎掉！到那时，已经没有所谓的完美，只有那颗苛求完美的心依然在无休无止地指责和痛斥你，而你，还要带着它遍体鳞伤地前行！

何必折磨自己，何苦要完美至极。给自己适当放松的空间，才能真正地生活在“完美”的世界里。

第二章 换个角度想问题，别让坏情绪绑架你

人生短短几十年，换个角度仔细想想，没有什么事情是不能被包容的，那么我们何不敞开胸怀去面对一切，做最好的自己，让人生更加精彩，让自己从此享受快乐的人生！

活出真正的自我，不要迷失方向

每个人都希望在这个世界上活出真正的自我，但说起来容易，实现起来却很难。这是因为在环境的熏陶和利益的驱使下，人很容易迷失自己，被物质诱惑！尤其是自我意识薄弱的人，认为大家都这样，我这样也不为过，所以即使错了，大家随波逐流似乎也理所当然，要不然你就是不合群。这种浮躁和盲目导致人不能坚持自我，更不能够静下心来理智地想一想：人为什么这样？

美国斯坦福大学曾经有一个很有名的实验叫“斯坦福实验”。

该实验把一拨大学生分成两部分，一部分扮作警察，一部分扮作罪犯。本来这个实验计划是15天，但只用6天就结束了。结束的原因很简单，局面无法控制了。因为扮成警察的一方因为有了某种特权，表现出较强的暴力性和攻击性，而扮演罪犯的一方性格则变得顺从和屈服。这就是所谓的“路西法效应”。简单地说，就是在某种特殊的环境下，天使会堕落成魔鬼，好人也会变成坏人。

这个实验体现了环境对人的影响是很大的。或许有人说，只要内心足够强大，就可以忽略外界的影响，就可以坚持自我，实现目标。可内心要强大到什么程度才可以算作强大，才可以忽略环境对自己的影响呢？这要因人而异。有一些人对周围的环境和人传递的信息比较迟钝，他就能较为容易地坚持自我，即使是错的，也会坚持。有一些人见风就是雨，一丁点儿的信息都会让他的内心掀起很大的波澜，这样的人往往容易被周围的言论左右，最终迷失自己。

在电视剧《浮沉》中，白百何扮演的乔莉就是这样一个活出了自我的人。在闺蜜瑞贝卡的眼里，乔莉似乎情商和智商都有问题，在公司里更是如此。面对上司的利用和周围同事的抨击，她显得痴呆和木讷，很多人看不下去，可她依然我行我素。因为她的目的很明了："我就是想做一名销售，原因是我想卖东西给需要它们的人，人们因为使用这些产品而感觉到幸福快乐。"为此，在晶通改制的关键时期，在于志德因贪污而坐牢，在她的上司陆帆和何承天蓄意成立外包公司，利用晶通和王贵林实现他们的利益最大化时，他们不约而同地选择将乔莉作为牺牲对象，赚了钱是大家的功劳，一旦问责有乔莉顶着。这明摆着就是圈套，乔莉尽管知道自己当了炮灰，依然心甘情愿地担任棋子，依然为她的销售梦想而奋斗。谁也想不到的是，在那些利用她的人相继离职后，乔莉却坐上了销售总监的位置，因此改变了自己，也改变了一大批人的命运。

相信生活中绝大多数人都不会一而再、再而三地"错"下去，他们会敏锐地捕捉与之相关的任何信息，并且迅速做出判断，选择进退和取舍。也正是因为如此，他们往往会变得摇摆不定，最终一无所获。而那些能够坚持自我的人，大都是那些大智若愚的人，无论环境怎样变化，无论周围的人怎样对他百般阻挠，依然坚定地按照自己的要求和目标，踏踏实实地走下去。

历史上，中国古代吴越争霸时的越王勾践更是有力的论证。在被吴王夫差打败后，他忍受着巨大的屈辱变成了一个至微至贱的"奴隶"。即便如此，他也没有因此迷失自己，而是为后世留下了"越王勾践，卧薪尝胆，三千越甲可吞吴”的绝世佳话。诸如此类的伟人例证举不胜举，他们辉煌的背后都有一个共性，那就是他们能坚持自我，无论在何时何地，都不会被环境和言论所动摇，换成另外一种说法就是他们具有一定的钝感力。然而在现实中，更多的人则是“斯坦福实验”中的警察或者是罪犯的扮演者，他们很容易被自己的角色或者周围的环境所影响，大家说东便是东，众人指西便是西，即使自己不乐意，哪怕是与自己的思想目标相左，也会随波逐流。久而久之，他们就会变得茫然，甚至连当初自己的目标都忘记了。迷失了自己，梦想和幸福也就变得遥远，人生也变得充满了波折。

很多时候，人需要的就是那么一点点的自我，需要等待，需要耐得住寂寞，静下心来仔细判断什么是你所需要的，周围的环境和人对你的影响是正面的还是负面的，应该遵从还是拒绝。要知道，当你坚持不下去，犹豫动摇的时候，别人也是一样的。如果你迷失了方向，失去了自我，那样只能让别人获得更加坚定的信心，最终让自己的人生陷入原本不该出现的困境。

克服“硬撑”的心理

生活中有很多人都在硬撑：明明已经很疲惫了还要坚持工作，明明知道一件事难以处理好还是硬着头皮去做，明明心情非常压抑可还是要微笑……硬撑，似乎成了时下很多人的一种习惯。有些人是为了面子而硬撑，有些人则是觉得这样可以改变生活、改变命运……

天地有阴阳，身心要和谐，该吃时吃，该睡时睡，难过的时候大哭一场，高兴的时候开怀大笑，这都是自然而然的事情，硬撑意味着扭曲和改变，意味着你的心理压力在逐渐增大。如果你毫不理会它，那么当你的身心不能承受时，便会面临心理崩溃的后果。

有一次朋友聚会，小惠喝得酩酊大醉，她趴在一个男同事的肩头上哭得一塌糊涂。旁边的金玲看到说：“我真羡慕她还能这么痛快地哭出来，我已经丧失哭的能力了，有时候心里特别难过，特别压抑，可还是得在别人面前硬撑着，装作很轻松，装作很高兴，没有人知道我活得有多累！”

和金玲一样累的还有她的爱人牛建伟，他是一家企业的中层管理者，薪水不薄，压力自然也不小。他每天天不亮就走了，半夜才回来，没有周末，没有节假日，没有休息的概念。他这么拼命只因为他是男人，在他的眼里，男人就应该是这样，即使再苦再累，也要给自己的女人一个幸福美满的家。为此他不惜贷款买房买车，欠了一屁股债，这笔债从哪儿还呢？

只有工作，没日没夜地工作。在长期超负荷的工作状态下，他的视力开始下降，健康也频频亮起红灯，咳嗽、心悸、眩晕，各种不适的症状接踵而至，然而他却依然强撑着，实在忍不住就一个人跑到卫生间待一会儿，或是吃上两片药，继续回到办公室忙碌。上司的压力，下属的挑剔，每个月持续增加的销售任务，一堆事压得他喘不过气来，即使如此，他也丝毫不表现出脆弱和疲惫，甚至在他最亲的人——金玲面前亦是如此。在金玲的眼里，爱人牛建伟一直身心非常健康，从来没有一点儿事。

他们就一直活在这种状态中苦撑了六七年，不知道在未来漫长的岁月里，他们是不是还能够继续撑下去。

这或许是很多现代都市工薪族的现状。在竞争激烈的时代背景下，他们每天都在硬撑着，每天都在装幸福。其实不如给自己减减压，像小惠那样大哭一场，找个朋友倾诉一番，或找其他健康的方式放松一下。生活原本就是五味杂陈。想让生活快乐一些就要学会自我调节，保持心理平衡是一件非常重要的事情。遇事想得宽，做人随和大度，避免生闷气、钻牛角尖，防止无端事情的发生，这是一种能力，也是一种智慧。

放自己一马，凡事不要太较真，难得糊涂，适当糊涂才是大智慧！买不起房子租着也能住，买不起汽车挤公交也自在，当不了第一努力就很好，存款不多只要拥有健康就是最大的财富，学会安慰自己，学会宽慰自己，试着学会放下。当你懂得知足常乐的时候，当你明白宽以待人的时候，当你深谙太极之道、阴阳的绝妙之时，想必你会为自己的谨小慎微而感到好笑，为自己的执拗感到愚昧……是的，放自己一马，你会活得更轻松一些、更豁达一些。

当一个人处于不良的心理状态时，与其不安和愁闷，不如主动去寻求解决的办法。现在已经有很多人意识到了这一点，他们已开始慢慢学着释放自己的压力，比如很多人去练瑜伽、拳击、跆拳道和摔跤等。像这样，一方面可以健身，另一方面也可在运动的过程中释放压力，保持身心的平衡。

无论是在生活中还是在工作中，人际关系的好坏直接影响到每个人的身心健康，进而影响到每个人的前途和命运。一般情况下，值得信赖、待人忠厚、热心且富有感情、爱帮助人、诚实坦率、有幽默感、个性独立、有智慧的人会大受欢迎，而具备这些品质的一定是一个心理健康的人。很难想象一个处在煎熬中的人如何能装得出谈笑风生的样子。

要想减少负面情绪，减轻心理压力，就要客观地去分析当下的处境。在面对压力时，一味回避不是根本的解决办法，变被动为主动，采取有效的行动，改变现状才是摆脱硬撑苦耗的出路。这就要解决两点认识问题：一是任何事情都是可以改变的；二是采取行动才能改变。比如一个人感觉到自己在集体中缺少知己，与人不能沟通，由此心理压力很大。确定上述两点认识之后，开始找原因。停下所有的工作，休息一下；当感到勉强和为难的时候，不妨客气地说出理由；撑不下去的时候不妨跟家人和朋友倒倒苦水，这些都是缓释压力的办法。

其实，我们往往最容易忽视掉的就是自己，所以，克服“硬撑”心理的第一步，就是把自己列入在乎的名单，关注对别人说“不”时身体发出的微妙信号。出现抑郁低落、疲乏无力、恶心等警报时，你就需要对生活做出某些改变了。一般硬撑人的心理问题通常源于自信不足，因对自己的价值存在怀疑，所以不惜牺牲时间和精力，努力去证明给别人看，没有他人的认同和崇拜，似乎就活得不“爽”，于是，一而再、再而三地妥协让步、委曲求全，始终不懂开口拒绝，最后干着不愿意干的事，承担着能力范围之外的种种义务，透支着精力和体力，不但没有活出想象中的八面玲珑、众人称好，反而活得委曲求全。

学着相信自己，了解自己的能力极限，并真诚地表达出来，让身边的人了解你的苦衷。即使对方不开心，我们仍要有信心继续坚持自认为正确的生活方式。其实，在骨子深处，我们都知道自己不是超人，所以大可不必事事时时都硬撑着，偶尔让别人失望一下亦是情有可原的。总而言之，不要过分在意别人的想法，要学会从工作和生活中体会到乐趣。

放下其实是一种态度

过去的自己以及那些不愉快的经历和伤害，就如同水里的那滴墨水不断地提醒你曾经的不堪和伤痛。要想在未来的日子里快乐生活，就需要建立一种良好的心态，用自信与快乐去冲淡曾经的不快，向过去的自己告别。

如果我们没有勇气去面对过去一些痛苦的经历，一味地压抑自己受伤的情绪，反而会变成情绪的奴仆，受其控制。就像一根弹簧，在持续不断地施压下，当弯曲到极致便会以最大的力度反弹回来。

一个健康快乐的人必定不会被过去所累，因为他们懂得释放，及时将内心的不快乐清零，然后从头开始！这是一种很了不起的能力，有很多人都做不到这一点，无论是普通人还是伟人，都会被过去所束缚，被曾经不愉快的经历所影响。

在一家心理咨询机构，我遇到了一个叫姗姗的女孩。她是个很可爱的女孩，本该过得很幸福，可事实上呢？因为她始终无法走出过去的阴影，以至于将近在眼前的幸福推得远远的。

在姗姗六七岁的时候和一群小伙伴玩游戏，在玩游戏的过程中和一个男孩玩了一个类似成年人的亲亲游戏，因为小孩子过家家，只要高兴就好，当时也就没怎么在意。可是到了初中以后，她经常会想起那个画面。

虽然每次想起的时候总感觉很不舒服，但是也没当一回事。随着年龄渐渐变大，在接下来大学以及大学毕业后的日子里，小时候的画面像烙印一样刻在她心里，总是不经意地跃入脑海，挥之不去。她开始对这件事在意起来，一想起来就深深自责，认为自己当时做了一件非常不光彩的事，已经没有资格去追求美好而纯洁的爱情了。在不断的悔恨与自责中，姗姗对自己充满了厌恶之情，开始惩罚自己：先是用一些锐器击打身体，再后来就远离男性，即使是热恋中的男友也拒绝亲密……虽说她不想再回忆起那件事，可又无法遏制。从那时起，她彻底把自己封闭起来，每天在痛苦和消沉中惶惶度日。

我想每个人都有过一些受伤或者痛苦的经历，但不管是什么样的伤口，都需要妥善处理才能愈合。就像身体的创伤，治愈后，尽管留下伤疤，但机体已经恢复健康，这才是最重要的。如果身体已经健康，而心灵依然病态，那么，痛苦依然会像魔鬼一样挥之不去，随时触动你脆弱的神经，随时提醒你它的存在，并将这种痛苦和矛盾注入你的生活中，让你永远生活在过去的阴影里。

像姗姗就是因为没有处理好童年游戏带给她的伤害，以至于影响到她的成年生活甚至婚姻的幸福。在现实中不少人难以享受到生活的快乐与幸福，其罪魁祸首就是那些挥之不去的心理阴影。那么，应该怎样对待自己的过去呢？

首先就是心态放平和。过去的好与坏都已经过去，你无法补救，所能做的最大努力就是将你的现在和未来过好。自我省察是很重要也很有效的心理治疗方法，它要求我们每个人必须用客观的态度去了解过去的自己以及那些过去发生的事，并且要用现在的眼光去检视。

接下来，就要重建内心的快乐。在重建的过程中，给自己一些正面的情绪很重要。虽然受过伤，但从今天起要心怀感恩地过好每一天。我们不仅要建立爱的联系，使伤痕得到医治，还要努力学习创造各种正能量。例如，尝试做些从未做过的事，品尝新奇的食物，听不一样的音乐，和不同的人交往等，哪怕到了七八十岁依然如此。

在一次旅行中，我遇到一对父子。父亲六十多岁，儿子三十多岁，两个人一路上无话不谈，他们的笑声感染了整个车厢，引来大家羡慕的眼光。在用餐的时候，父亲告诉我们，别看现在他们这么亲密，以前可不是这样的，他们父子俩曾经有五年的时间没有说过一句话。这位父亲的话让我们很吃惊，到底发生了什么事情导致父子之间产生了如此大的隔阂，后来又发生了什么使得他们和好如初呢？父亲说他是一名话剧团的演员，经常要天南海北演出，所以和妻儿聚少离多是常事，加之他与搭档的那位女演员配合很默契，于是就传出了有关他移情别恋的闲话。这些话传到儿子那里，儿子认为父亲不要他和母亲了，从开始的不理解变成了最后的怨恨，以至于五年的时间里两个人没有再说过一句话。等儿子慢慢长大后才明白根本没有那回事，渐渐明白了父亲在外奔波是为了这个家，为了让体弱多病的母亲和他能过上更好的日子，一次喝酒深聊后父子俩成了无话不谈的朋友。

俗话说："此一时，彼一时。"很多人都会假设，如果换作今天，就不会发生那样的事了。是啊，就是因为当初的你还不够成熟，所以才会有曾经不太完美的过去，才会有不愉快的经历。可是，那又有什么关系呢？在生活的历练中，每个人都在成长，看待人和事物的态度不同了，价值观不同了，同样的事结局也就不同了。人要学会用现在的、比较成熟的、更客观的立场去审视过去，当你换个角度看问题的时候，得出的答案往往是更积极乐观的，这种心灵探索的过程不仅会帮助你接受别人的缺点，学会设身处地地去理解那件事，更可以帮助你从过去的阴影中走出来。

告别过去的自己，实际上就是一个重塑自我的过程。在这个心理回顾的过程当中，如果你探索的只是一些小小的不愉快，那么完全可以通过自己的努力平复掉。比如一句话的隔阂、一件事的误解、一个人的攻击等，大可以看淡那个人、那件事，在你淡忘时也是在解放自己，要知道轻装上阵比起背负千斤重担要舒服得多。生活也是这样，一旦你卸下包袱，你就获得了轻松与幸福。当然，如果过去的你经历了深深的伤害和一些不幸的事，那么就需要给自己一段时间，好好地调整心态，勇敢而正确地面对自己。

人的一生没有完全顺风顺水的，看淡那些不幸，你就会超然于心，如果你实在无法走出过去的阴影，不妨寻求专业的机构和人士帮助，但终归还是要靠自己。因为，只有这样你才能更加成熟、理智地面对未来的工作和生活。

世上本无事，庸人自扰之

很多时候，我们会为了生活中的一些琐事而烦恼不已。其实，这是很没有必要的。因为这些烦恼，大多是自找的，是我们遇事太过于纠结以至于胡思乱想所致。作家维尔·罗杰斯说过：“烦恼如同摇椅，它似乎一直在忙碌，却哪儿也去不了。”烦恼解决不了问题，只会增加你的压力，使你整天忧心忡忡，无端猜忌，久而久之，甚至会影响身体健康。

在生活中，有许多烦恼是无可避免的，天有不测风云，人有旦夕祸福。人会在突然间遭受一些无法预料的变故，比如瞬间可能发生的车祸，突然而至的疾病……于是乎，各种各样的烦恼就会接踵而至。除此之外，往往还有一种莫名其妙的烦恼，比如看到拥堵的车流，某个人说话不中听，空气中的异味，不可口的饭菜等，我们姑且将这些称为“自寻烦恼”。这类烦恼本可以避免，换作平常心即可，但较真的你总是能及时捕捉到，并因此郁郁寡欢。

人生的大部分烦恼都是自找的，那些被认为烦恼的事情或许本来就不是事儿。有的人当了处长之后就想当局长，觉得现在坐在局长位置上的那个人各方面都不如自己，于是开始生闷气，心情抑郁不堪。有些人做生意赚了5万想10万，赚了10万想100万，然后每天沉浸在欲望的深渊里总是得不到满足。有的人嫌自己身材不够好，有的人嫌自己的车不够豪华，有的人埋怨自己的住宅不够宽敞，甚至有人会为盐放多了、醋放少了之类的琐事而计较抱怨……仔细想想，即使是处长也是让很多人羡慕的位置，而且当了局长也不见得事事都如意。再来想想，富裕有富裕的烦恼，贫穷有贫穷的自在。有句老话说得好：有多少钱就有多少钱的麻烦，有多高的位子就有多大的压力。有人说人生是从烦恼开始的，当你面临一个选择的时候，你就选择了一种烦恼，这样的境遇人人都不能幸免。只是不同的人对于所谓的烦恼态度不同，乐观豁达的人看淡烦恼，狭隘的人被烦恼所困扰；乐观的人从烦恼中看到希望，悲观的人从烦恼中看到灾难。说到底，还是消极心态在作怪。

美国心理治疗专家比尔·利特尔经过研究认为：一个人若有以下心理或做法，必定会促使其自寻烦恼、无事生非。

1. 把别人的问题揽到自己身上。如果你把别人的问题揽到自己身上而自怨自艾，把某些人不喜欢你的责任统统归咎于自己，那么要不了多久，你就会更加烦恼。

2. 做不可能实现的梦。最可怜的人是那些惯于抱有不切实际希望的人。如果一个人把自己的目标定得高不可攀，就会因为不能实现目标而烦恼。

3. 盯着消极面。牢牢记住你有多少次受到不公正的待遇，或者有多少次别人对你说话的态度不友善。如果你把注意力集中在那些不好的事情上，这种消极的思想就会给你制造烦恼。

4. 制造隔阂。绝不去赞扬别人，不使用任何鼓励之词；还有，喋喋不休地批评、挑剔、埋怨、小题大做，这也是制造隔阂、自寻烦恼的原因。

5. 滚雪球式地扩大事态。当问题第一次出现时就正视它，它就很容易化为乌有；反之，问题便会像滚雪球一样不断地扩大下去。因为滚雪球的人总是遵照一条简单的规则行事：如果错过了解决问题的时机，索性再往后拖拖。这样，只会使问题变得更糟，必定会导致愤怒和苦恼。

6. 以殉难者自居。母亲过度地承担家务劳动，然后对自己说："没有一个人真正心疼我，对我们家来说，我不过是个仆人而已。"父亲采取同样的方法："我的骨架都累散了，谁也不把我当回事，大家都在利用我。"经常这样想，必定会使你异常烦恼，还可能会让周围的人讨厌你，从而使你的感觉变得更糟。

7. "我早就知道会如此"综合征。如果你预料到有什么坏事会出现，它们多半是会兑现的。

8. 蠢人的黄金定律。把其他人都看得一钱不值。运用这条定律的关键是首先嫌弃自己，一旦贬低了自己的价值，接下来就会觉得其他人同样浅薄，于是对他们不屑一顾，使自己变得众叛亲离。

情感细腻的人很多时候把心思放在一些细节上，正是因为对细节的计较和在乎，人变得胆小、谨慎、自卑，为那些原本不必在乎的麻烦而痛苦。这时，学会自我调节就显得非常重要。要知道，当我们在为种种苦恼之事感到失落甚至掉泪时，其实快乐就在我们身边。只要一抬头、一转身，你就会有不同的发现和收获。比上不足，比下有余，做个知足常乐的人，保持平常心、宽大的胸怀、乐观的心态，都是规避压力和烦恼的有效方法。

不论你是高官还是平民，不论你是富豪还是穷人，不论你是社会名流还是无名之辈，恐怕谁也超越不了"有得必有失"的辩证逻辑。即使你不自寻烦恼，但还是少不了烦恼，因为生活在现实的社会环境中，我们不是超脱凡俗的圣人。可也要知道世界上没有一个人因烦恼而获得过好处，也没有一个人因烦恼而改善过自己的境遇，但烦恼却在随时随地损害着我们的健康，消耗着我们的精力，扰乱着我们的思想，影响着我们的工作效率，降低着我们的生活质量。

那么，怎么才能走出自寻烦恼的心理误区呢？刚才我们说这是一个心态的问题，因此调整心态就成为一件很重要的事情。

改变认知。有一些烦恼无论你愿不愿意、接不接受，它总会到来。既然自己无法掌控，那么就随它去吧。不要因为那些无法掌控的事情而烦恼生气。

看看自己是不是一个追求完美的人。太看重事情的结果，太注重别人的评价很容易给自己带来麻烦。俗话说："人比人，气死人。"如果以坦然安定的心态面对，不去刻意比较，烦恼便会随之减少。

任何情绪都有发生、发展、高潮、下降以及结束的过程，烦恼也是如此。因此，对于烦恼要学会接纳，而不是抵触。你要明白地告诉自己你很烦恼，接下来就给自己寻找解脱和愉快的途径，比如参加社会活动以及一些有兴趣的事情。试着转移注意力，那些烦恼就会慢慢自行消失。

烦恼往往是因为我们在意的太多、不愿意舍弃的太多而导致的压抑和烦闷。只要你摒弃多愁善感的心理，调整好心态，尝试着慢慢放下，那时你收获的不仅是轻松和快乐，更重要的是能感悟到人生的真谛：只要健康地活着就是最大的幸福。

允许自己犯点儿小错

有人说人生幸福有三诀：第一不要拿自己的错误惩罚自己；第二不要拿别人的错误惩罚自己；第三不要拿自己的错误惩罚别人。无论惩罚谁，都有一个不争的事实，那就是人都是会犯错误的。尽管如此，还是有那么多的人害怕自己出错，一旦生活或者工作中出错，就会长时间沉浸在犯错而带来的阴影中，甚至在坏情绪的影响下一错再错。说到底，还是因为太追求完美，这让他们不能容忍事物有丝毫的遗憾。追求尽善尽美是理所当然的，但是在现实生活中，我们可以看到，有不少人给自己订的标准或者目标是不切实际、无法企及的，因为达不到这个目标，从而受到烦恼、焦虑和抑郁等情绪的困扰。对于一些无关痛痒的小错误，我们权当是个提醒，当作生活的佐料，改过即是，犯不着总是惦记着，无端给自己增添烦恼。

电视剧《赶走你的忧郁》就是讲了这样的一个故事。故事里有一个叫青青的女大学生，生活中很是乖巧，但由于家庭的压力走上了做陪酒女郎这条路，这一切她始终隐瞒着母亲。直到她无法说服自己，去找了心理咨询师周文。在长达半年的心理疏导后，青青终于鼓起勇气向母亲说出了真相，没有想到得到的不是母亲的理解，而是加倍的责备。青青难以承受再次找到周文，并且要周文吻她，以此证明这个世界上还有人不嫌她脏不嫌她下贱。周文犹豫了，就在他犹豫的一瞬间，青青带着对这个世界的彻底绝望，从高楼上跳了下去。青青自杀后，周文不能原谅自己犯下的错，从那以后只要来到青青曾经出现的场合，都会出现短暂的恍惚，甚至看到高楼就感到恐惧。他在自己的错误里不断地沉沦，难以找到排解的出口，以至于连同家庭和工作都弄得一塌糊涂。

显而易见，周文用青青的不幸惩罚了自己，也用自己的错误惩罚了自己，同时把这种负面情绪带到家里，无形中也惩罚了自己的亲人。心理咨询师雷明说："在这个世界上，只要是人就难免会犯错误，遇到错误的时候，能做到两点就是成功的：第一，不要轻易挑战自己；第二，不要相信自己是万能的。"

看到这儿，有的人会说：那不是在自虐吗？错了就错了，犯不着对自己"开刀"啊。其实，较真的人对人对事的出发点都是因为过度在乎自己的感受，这样反而使得自己总生活在痛苦中。事实上，这种因为较真而出错，并在错误中惩罚自己的事例非常多。比如奥运会上的美国选手埃蒙斯连续两次将金牌拱手让给对手，其心里就是害怕自己出错：一方面他太想赢了，另一方面又特别担心失去，尤其是之前出现过失误的经历对他来说更是一团挥之不去的阴影。因此，只要到了比赛场合，他就要下意识地提醒自己"千万不要出错"，这其实是一种很消极的心理暗示。这种暗示会破坏以前思想的自动执行，导致在执行过程中发生变形，最终铸成大错。运动心理学上对此有专门研究，叫"choking 现象"，具体而言就是指在压力条件下，一种习惯的运动执行过程发生衰变的现象。通俗的说法，就是反胜为败。事实上，不光是在比赛中，生活中和职场中类似的事情亦比比皆是。

你看，完美者的心里有多矛盾，一边怕出错，一边又在错误中自责；

一边给自己订很高很完美的目标，一边又因为这样的目标实现不了而痛苦。这样一来，心里必定会存在很大的压力，必然会引起心理紧张并导致能力发挥失常，进而出错的频率就更高了。适得其反就成了完美者经常不得不面对的问题和麻烦。如果你坦然面对自己，错了就错了，勇敢地接受，然后用心改过，再保持一份阳光的心情，用心把以后的事情做好，这不就是显而易见的快乐吗？而且，当你把自己的目标适当降低的时候，就会发现事情其实很容易实现，你会自信倍增，快乐倍增，幸福感也倍增，何谈过去的阴影？

不要轻易地挑战自己，因为有些挑战你可以突破，有些挑战是你无法突破的，尤其是当你挑战的是自身无法实现的目标时，巨大的压力会让你屡屡出错。这些错误无一不会让你变得更为胆小和自卑。生活中的小事不必样样都要做到一百分，适当的出错也是正常不过的事情，同时，这样的心态会大大降低你对事物的标准，减轻你的心理负担，让你在轻松自如的状态下去做好一件事情。

犯错误就像吃饭睡觉一样简单正常，不要把错误当成不完美而深恶痛绝，有些错误是可爱的、无害的，甚至是有益的，就像科学家因为错误而发明新的东西，艺术家因为错误而发现新的艺术。当错误出现的时候，悔恨和自责往往最没有用处，你最先要想到的是，感谢这个错误让你明白还有更好的办法去解决这个难题。如果你能深刻地理解上面的话，就不会给自己制订出一个极高的目标，然后强迫自己去完成，那样只会犯一些没有意义的错误从而让你变得更加失落。在人际关系上也是一样，很多人害怕自己的意见不被采纳，使自己的形象受到影响；害怕自己的行为被别人误解，使自己成为众人的笑话而从不发表任何意见，这样做不但伤害了你和朋友之间的关系，也会使你陷入孤独的境地。

不要惧怕犯错误，人的一生是波澜起伏的，不可能一路上升，也不会一路下降，在错误和收获中，在幸与不幸中度过才是最完整的一生。即使犯点儿错误，那又何妨？

适当调整你看世界的角度

生活中，快乐不是由我们的社会地位和银行存款来决定的，而是由我们的精神状态来决定的；快乐不是由客观事实的状态来决定的，而是由我们思维的角度来决定的。我们经常发现有的人很快乐，他们不但自己快乐，还可以将快乐带给身边的人，这样的人会赢得很多朋友。有的人将快乐的希望寄托在别人身上，别人快乐了，自己受其影响也会跟着快乐；别人不快乐了，自己也会一个人沉闷或者难过。类似这样的人，说到底就是没有一个积极乐观的心态。

现在的人喜欢把快乐叫作“爽”。这是一个很形象的词语，心情爽了，一切都爽了。快乐是一种催化剂，人在开心的状态下，细胞的运动会更加活跃，血液流动会更加通畅，体内分泌一种使人兴奋的物质，此时人会更加乐观包容，更容易接纳别人和被别人接纳。快乐有助于建立起信任关系的环境氛围，当大家都处于快乐状态时不但做事效率高，而且非常容易成功。

张恒一直搞调研工作，他就是一个很快乐的人。他的那种快乐不是表面的，而是发自内心的快乐。他总会找到自己喜欢的事情去做。实地调研时，他背着包走了几十里山路，一路哼着山歌，采访几百号人也丝毫不觉得辛苦。在办公室里写论文，即使熬一个通宵，他也不时起身活动下身体，给那些花草浇点儿水，在疲惫的时候听点儿音乐。受到人排挤的时候，他也不放在心上，该做什么还做什么，仿佛世界上的一些流言蜚语都和他无关。这样的人是一个内心快乐的人，是主动寻找快乐的人。

相反，有很多人把快乐的钥匙交到了别人的手里，因而常常变得不快乐。

米莎是一名老师，却是一个学生不愿接近、同事也不愿跟她来往的人。认识她的人都说“米莎像是跟这个世界有仇一样”，不论什么时候，你总能听到她的抱怨和牢骚：“昨天坐公交车的时候有个人站在我的后面，不但大声讲电话，还不时爆粗口，真是太倒胃口了！”“我老公又出差了，这次又是一个多月，我都受不了了！”“女儿芬芬作业没有认真写，老师把我叫去狠狠地批了一顿，这孩子真是太不争气了！”“要不是因为我接了同学一个电话，我上班就不会迟到，这个月原本还是全勤奖，可惜啊，300元钱没了。”……

这些事都是小事，这些话也都是无意，可究其根本，她不快乐的根源是把快乐的钥匙交给了她的女儿、她的老公、她的同学，甚至包括那个爆粗口的陌生人，她的情绪因受这些人的影响而波动，却从来没有认真地去挖掘内心真正属于自己的快乐。

那些因为过去的错而不快乐的人，是因为内心的纠结无法释放。你明明很喜欢一个人，却没有表白的勇气；你明明很想向上司争取那个职位，却有一箩筐的迟疑和顾虑；你明明很希望告诉某个讨厌的家伙以后不要再来烦你，却从来不敢痛快淋漓地告诉他；你明明很不情愿，却又买下店员拼命推荐的衣服……其实，别人的反应，都是你自己虚构的。你真正在应付的不是别人，而是你自己那颗混乱不安的心！一如站在一面镜子前，不管是正面站立或者是背对，呈现的只是人的镜像。你面对或逃避的，终究只是自己的感受。

当你允许别人掌控你的情绪时，无论幸与不幸，你都是受害者。因为你对现状无能为力，抱怨和愤怒是你唯一的选择。当你这样去做的时候，已经传达了一个信息：“我这样孤独痛苦，都是你害的。”这样只会让周围的人远离你。

一个成熟的人会握住自己快乐的钥匙，不期待别人带给他快乐，反而能将快乐与幸福带给别人。他们的情绪稳定，为自己负责，和他们在一起是一种享受，而不是压力。

这个世界上没有什么比你自己更重要，当你认为自己做的事情是对的，何必去做太多的解释，又何必去在意别人怎么说？当别人的错误发生时，何必用别人的错误来惩罚自己，而让自己难过痛苦？计较太多，只会失去更多的自我，越活越累，越活越茫然。当你相信自己，把握好自己时，别人又能拿你如何？而当你把别人看得重于自己的时候，别人的言行举止必定会影响到你的行为，进而让你痛苦。很多时候，我相信快乐是自己找的，幸福是自己给的。同样，不快乐也是自己找的，你的不幸只能由你自己买单。

有些困扰你的事情，看起来很严重，让你不知所措，但如果你用积极乐观的方式来思考，视野会开阔，办法会增多，你会发现，这件看起来似乎天大的事情其实也很容易解决。世界虽然是客观的，可是，我们看世界的角度是可以调整的。当你调整了角度之后，眼前的世界随之改变，你的心境也会随之改变。

幸福与不幸都在你的一念之间

幸福是什么？电影台词给出了最贴切的解释：“我饿了，看见别人手里拿着肉包子，他就比我幸福；我冷了，看见别人穿了一件厚棉袄，他就比我幸福；我想上茅房了，就一个坑，你蹲那儿了，你就比我幸福。”这是电影里对幸福的调侃，但同时说明了幸福是一种感觉，它不取决于人们的生活状况，而取决于人们的心态。感觉幸福的时候一切看起来都那么幸福，感觉不幸的时候，即使在别人眼里很幸福，自己依然体会不到幸福。说到底，幸福与不幸都在自己的心里。

有人说，幸福不会不请自来，需要为迎接它提前做好各种准备。

我的一位朋友给自己制定的幸福标准是：30 岁前买房买车娶媳妇，40 岁前换房换车换地位。我们二十多岁的时候相识，因为工作关系成了很好的朋友，偶尔小聚的时候，常常会听他发一阵牢骚：“哎呀，最近活儿太多了，连着几个月加班，连喘气的时间都没有。”尽管很累，他总算实现了 30 岁的幸福标准，在城里买了房买了车，成家立业了。之后再见到他却已经是鬓生白发，憔悴不堪。我奇怪：“你才三十多岁，怎么把头发都熬白了呀？要知道你现在情况已经非常不错了，有多少人都羡慕你呢。”他挠挠头，一根接着一根地抽烟：“不行呀，我准备明年成立公司，过几年买一套别墅，再换台好点儿的车，要想上个台阶，不付出代价怎么行？”

又是几年过去了，一次和朋友无意中说起他，朋友说："哦，他呀，得肺癌早死了。死的时候他孩子才七八个月大。你说他卖命挣那么多钱干吗呀？人人要都是他那样的幸福标准还怎么活！"我不禁一阵扼腕叹息！仔细想想，也不难理解，这位朋友是个要强的人，只要看见别人有自己没有的东西，就会触动他的神经，让他为之做足各种努力和准备，甚至不惜牺牲健康。谁知道，到头来落得个两头空，究其原因，还是过分强求惹的祸。

幸福，其实真的不需要百分百的准备，因为它一直就在我们身边，只是有些人意识到并且珍惜了它，有些人完全不理会它，让自己沉浸在悲观的情绪中。当你感叹没钱买房子的时候，你或许不知道有多少人居无定所；当你感叹车子不够豪华的时候，你可能不知道有多少人骑着自行车上下班；当你叹息自己的存款不够七位数的时候，你肯定不知道有多少一穷二白的人为自己的梦想努力奋斗着……幸福的人因为自信、乐观和满足而幸福，不幸的人因为悲观和消极而不幸。与其在哀叹中不幸地度过每一天，不如打开心灵的窗户，迎接幸福的阳光，快乐而满足地生活。

有人说，我也想满足，可社会不允许啊，这年头没钱没房没车，怎么活呀！殊不知，那些没钱没房没车的人也活得很快乐，因为他们知足、乐观、自信、积极……这些优秀的品质让他们在贫乏的物质环境里，也能体会到幸福。所以，你总能看到他们的笑脸，总能感受到他们身上向上的气息，那就是幸福的味道！

幸福不需要做足百分之百的准备，只要带上一颗温暖阳光的心就可以。因为，不管你准备得有多充分，意外都会随时发出警告：你还没有准备好。与其不停地完善和应付那些漏洞，与其在悲观和消沉中追求幸福，不如早早享受唾手可得近在咫尺的快乐。你很健康，你有一份稳定的工作和收入，你还有聪明的儿子和贤惠的妻子，你还有健在的双亲，你还有一帮亲似兄弟的朋友，你还有赏识你的上司和领导……这还不够幸福吗？

如果你还认为自己不幸，那你真的走进了幸福的误区，你需要好好冷静思考一下，想一想幸福的本质究竟是什么，然后给自己一个答案。了解自己的内心，学会和它对话，看清楚自己幸福的根源在哪里。我们循着幸福的轨迹去寻找，追求的过程谁又说这不是一种幸福呢？当我们可以感受到自己越来越平和的心态，不再用咄咄逼人来武装自己，云淡风轻地从容应对一切之时，其实就悟到了幸福的真谛。唯有如此，才能真正得到幸福。

大思想家罗素有一次来到中国的四川。他和陪同他的几个人坐着那种两人抬的竹轿上峨眉山。山路非常陡峭险峻，几位轿夫累得大汗淋漓。罗素见到此情此景，没心情观赏峨眉山的美景，而是思考起几位轿夫的心情来。他想，轿夫一定痛恨他们几位坐轿的人，这样热的天气，还要抬着他们上山，为什么自己是抬轿的人而不是坐轿的人？

罗素随着竹轿一上一下的节奏思考，转眼到了山腰的一个小平台，陪同的人让轿夫停下来休息。罗素下了竹轿，认真地观察轿夫的表情。他看到轿夫坐成一排，拿出烟斗，又说又笑，丝毫没有抱怨天气和坐轿人的意思，更没有对自己的命运感到悲苦，还饶有趣味地给罗素讲自己家乡的笑话，很好奇地问罗素一些外国的事情，在交谈中不时传来爽朗的笑声。

后来，罗素在他的《中国问题》一书“中国人的性格”那章中讲到了这个故事。他因此得出了一个著名的人生观点：用自以为是的眼光看待别人的幸福是错误的。

幸福就是如此，坐轿子的人是幸福的，抬轿子的人未必不幸福。这个世界上，每个人都有自己的位置，每个人都有追求幸福的权利。有人喜欢烈火般的刺激，有人喜欢清水般的宁静，选择适合自己的生活，得到自己想要的生活，便是真正的幸福。不必照搬别人的幸福，更不必为了达到别人的幸福标准而不断地去准备。当你为了幸福而去幸福的时候，即使最后真的达到了你要的标准，也毫无幸福可言。

毕淑敏在作品《提醒幸福》中说道："世上有预报台风的，有预报地震的，没有人预报幸福……幸福绝大多数是朴素的，它不会像信号弹似的，在很高的天际闪烁红色的光芒。它披着本色外衣，亲切温暖地包裹起我们。幸福不喜欢喧嚣浮华，常常在暗淡中降临。贫困中相濡以沫的一块糕饼，患难中心心相印的一个眼神，父亲一次粗糙的抚摸，女友一个温馨的字条……这都是千金难买的幸福！像一粒粒缀在旧绸子上的红宝石，在凄凉中愈发熠熠夺目。

幸福有时会同我们开一个玩笑，乔装打扮而来，机遇、友情、成功、团圆……它们都酷似幸福，但它们并不等同于幸福。幸福会借了它们的衣裙，袅袅婷婷而来，走得近了，揭去帏幔，才发觉它有钢铁般的内核。幸福有时会很短暂，不像苦难似的笼罩天空。如果把人生的苦难和幸福分置天平两端，苦难体积庞大，幸福可能只是一块小小的矿石。但指针一定要向幸福这一侧倾斜，因为它有生命的黄金。"

要想获得幸福，就必须用心去体会、去感知。面对幸福的试炼时，一定要抬头挺胸做好准备，为此你必须认真地生活，努力地工作，用心地经营好周围一切关系，如对父母的孝顺，对妻子儿女的关爱，对同事朋友的支持，对社会的感恩和奉献。当你正在感受幸福时，要放慢脚步，加倍珍惜。就像醇酒滑过舌尖，你的本能都知道在唇齿间多多流连，那珍惜幸福的重要性还用多说吗？假如你因为贪婪幸福而画地为牢，那么幸福会像暴风雨一样强烈而迅速掠过，甚至在你还没来得及去体会时，就已经消失得无影无踪了。

学会放松你紧绷的神经

在那些不快乐的人当中，有些人性格内向、心胸不够宽广，习惯想当然地去观察周围的人和事，并自以为是地在心里制造出一堆难解的乱码；有些人追求成功的愿望太迫切，过分看重别人的评价。他们都喜欢把一些细微小事放在心上，患得患失，斤斤计较，常常因为一些芝麻绿豆的小事耿耿于怀。极端情绪常给人带来不愉快的情绪体验，甚至无穷无尽的烦恼，猜测、对照、忧虑会接踵而至，让自己备受煎熬。

谭教授就是这样的人。今年，他遇到一次升迁的机会，无论从工作成绩、个人才能以及文化层次上看，他都具有一定的优势，出乎意料的是组织上任命了另外一个各方面都不如他的同事。于是，谭教授辗转反侧，彻夜难眠，冥思苦想寻根求源。他经过反复的思考，认为在决定这次升迁的四位领导中，他和其中的一位领导有过节，还和一位领导相处得不太融洽。于是，他觉得是那两位领导从中作梗，甚至将他们决定这件事时的神情举止都想象得栩栩如生。他越想越苦恼，越想越烦躁，整天坐卧不安，最后连上课都精神恍惚了。

类似这样的事情数不胜数。有的人只要听到别人问他一句是否见到了某样东西，他就会认为别人怀疑他偷了东西；有的人听到别人在他面前提冬瓜，他就觉得对方在嘲笑他又矮又胖；吃饭时有的人看到朋友点苦瓜，他就琢磨着是不是朋友暗示他命苦；还有的人一见到几个同事在说话，就觉得他们是在说自己坏话……过度敏感者只要周围有一点儿风吹草动都觉得和自己有关，对任何可能涉及自己缺点的话语尤其如此。最极端的事例当属契诃夫的短篇小说《小公务员之死》中那位小官吏，他因为一个喷嚏溅到了前排一位将军的秃头上，接下来就上演了极端戏剧性的一幕：

“我的喷嚏溅着他了！”切尔维亚科夫心想，“他虽说不是我的上司，是别的部门的，不过这总不妥当。应当向他赔个不是才对。”

切尔维亚科夫咳嗽一声，身子探向前去，凑着将军的耳朵小声说：“务请大人原谅，我的唾沫星子溅着您了……我出于无心……”

“没什么，没什么……”

“看在上帝分上，请您原谅。要知道我……我不是有意的……”

“哎，请坐下吧！让人听嘛！”

切尔维亚科夫心慌意乱了，他傻笑一下，开始望着舞台。他看着演出，但已不再感到幸福。他开始惶惶不安起来。幕间休息时，他走到布里扎洛夫跟前，在他身边走来走去，终于克制住胆怯心情，嗫嚅道：“我溅着您了，大人……务请宽恕……要知道我……我不是有意的……”

“哎，够了！……我已经忘了，您怎么老提它呢！”将军说完，不耐烦地撇了撇嘴唇。

“他说忘了，可是他那眼神多凶！”切尔维亚科夫暗想，不时怀疑地瞧他一眼。“连话都不想说了。应当向他解释清楚，我完全是无意的……这是自然规律……否则他会认为我故意啐他。他现在不这么想，过后肯定会这么想的！……”

接下来，在越来越浓烈的惶恐中，切尔维亚科夫被自己活活吓死了。

看，这已经不是草木皆兵的境地了，过度解读已经使他病入膏肓了，被一个喷嚏吓死了！你可能觉得这是小说，有点儿荒诞，可从心理学的角度来说，出现这样的结局一点儿也不意外。极端情绪的人大都是早年的心理创伤没有处理好，形成了某种消极的反应模式所致，所以一旦遇到某种可能引发创伤的类似刺激，他们就会出现夸大、逃避或反击的反应。在极端的情况下，这种人格特征可能会相应引发社交恐惧症，如偏执、妄想、抑郁、焦虑等病症，而且极端情绪的人由于困在自己的思维模式里，因此一般对别人的劝说开解几乎不加理会。说白了，也就是跟自己过不去，谁都拿他没辙。

有人曾问苏格拉底："请告诉我，为什么我从未见过您蹙眉，您的心情怎么总是这样好呢？"苏格拉底答道："我没有那种失去了它就使我感到遗憾的东西。"不以物喜，不以己悲，这是人生的一种境界。

人生犹如一把弦乐器，压力过大，弦就会崩断，只有不时地减轻压力，弦音才能优美动听。"宠辱不惊闲看庭前花开花落，去留无意漫观天外云卷云舒。"只有当心态有了平和而又不失进取的弦音，我们生存在这个社会中才能左右逢源，许多棘手问题也便迎刃而解，许多人间的美景才能尽收眼底。

第三章

从今天起，做自己情绪的主人

能否理智地驾驭自己的情绪，是区分强者与弱者的方法之一。你之所以是弱者不在于战胜不了别人，而在于战胜不了你自己。

别让认真变成较真

俗话说："水清无鱼，人清无友。"乍听起来，似乎太世故了，然而，现实生活中许多事情都坏在"认真"二字上。有些人对别人要求得过于严格以至近于苛刻，他们希望自己所处的社会一尘不染，事事随心，不允许有任何一件鸡毛蒜皮的小事不符合自己的设想。一旦发现这种问题，他们就怒气冲天，大动肝火，怨天尤人，有一种势不两立的架势。尤其是知识分子，他们对许多问题的看法往往过于天真，过于理想化，过于清高。总觉得世界之上，众人皆浊，唯我独清，众人皆醉，唯我独醒。用这种天真的眼光去看社会，许多人往往会变得愤世嫉俗、牢骚满腹。

我们说"水至清则无鱼"，主要强调的是做人做事都不能太认真，该糊涂时就糊涂，只要不是原则问题，睁一只眼闭一只眼也未尝不可。所谓"水至清则无鱼"谈论的不是一般的"清"，而是"至清"。所谓"至清"者，一点儿杂质都没有，这岂不是异想天开？

现在的人们，在各行各业之中，所面临的实际情况不同，屈伸之道自会各异。但是，万变不离其宗。在可伸也可屈的时候，我们的主张是避伸而就屈。这是什么意思呢？伸是显，屈是隐。显则招人注意，招人注意则容易遭受到攻击，就会存在失败的可能；隐则易让人忽视，被人忽视就有宁静，在宁静之中，修身养性，积蓄能量，在日后可能会有大伸。

有人会说，大道理我都懂，可是事到临头，就不由自主地较真。要变得不较真，就要及时提醒自己，在遇到事情的时候，你是斤斤计较，一定要分出对错高下来，还是安慰自己：就这么点事儿，睁一只眼闭一只眼也就过去了，何必当真！

可别小看这每一次的提醒，你一次宽慰自己，两次把心放粗糙些，次数多了，你就会变得豁达，当钝感成为自然而然的习惯时，你就不会把太多的注意力放到那些丝毫不起眼的小事上，而是着眼于大事和大局，这也正是促使你提升自己的关键所在。

举个例子。如果你是老板，你每天的心思都花在哪个员工在偷懒，哪个员工打小报告了，哪个员工又顺手拿走了办公室的签字笔了……试想，你还有精力去考虑公司的前景规划和运筹经营吗？你没时间，也没心情。这些事情已经够让你崩溃的了，哪里还能冷静下来去分析和思考公司的未来？

重视该重视的，忽视那些不需要重视的，这样你的生活才会有重点，而不是眉毛胡子一把抓。倘若事事不分大小深究其责，心像针尖一样细，凡事都要过筛子，从细细密密的脆弱神经中走一遭，恐怕什么是快乐和幸福你都不知道了。

被誉为“扬州八怪”之一的郑板桥，给世人留下了一句“难得糊涂”的名言。糊涂所提倡的不是消极的人生观，倡导的是人们更加深刻地去认知周围的一切，包括我们的生活和我们生存的根本。它告诉我们，其实我们心中所有的私念、所有的贪欲、所有的不甘心与不快乐，皆可化于无形。

有句老话说得好：做人要粗糙，灵魂要细致。做人的粗糙就是要懂得适当的糊涂。美国著名作家欧·亨利说：“不明白自己的人永远像失去方向的螳螂。”在这个世界上到底有多少真正明白自己又明白别人的人，这是很难下结论的。可见“糊涂”大有学问，这学问尽在一个“该”字之中，什么时候、什么情况下应该糊涂；什么时候、什么情况下不应该糊涂。虽说要把握好火候不是一件容易的事，但相信只要你肯钻研，肯在生活实践中去摸索，这也就不是什么难事了。

放下你的主角心态

我们平时总觉得自己在家庭里的位置非常重要，认为离开了自己，家人肯定是痛不欲生，于是常常扬言："要不是我怎样怎样。""等有一天我去了，你就怎样怎样了。"可仔细想想，我们真有那么重要吗？并非如此！

以前有一个同事，夫妻关系特别好，可以说如胶似漆、形影不离。他的妻子是农村出来的，没什么文化，朴实善良，平时什么事都要靠老公，我们都说要是没有她老公，她几乎都活不下去。后来我的同事因病突然去世了，这个女人不但什么都会做了，后来还自己开了一家美容院，日子过得红红火火的。看到这里，你一定会张大嘴巴问："为什么会这样？"

有人对此做出解释：都是生活逼的，逼到那个份儿上，谁都能独立。其实，我们并没有想象的那么重要，离开了谁太阳都会照样升起，生活还会照样继续，只是我们往往因为看重某种东西而放大了它的作用。没有了洗衣机，我们照样洗衣服，只是选择用手洗还是送去干洗。离开了某个人，我们照样生活工作，所要面临的是谁来替代和怎么活得更好。事实上，很多东西真的既没有我们想象的那么重要，也没有我们想象的那么脆弱。这其中不仅包括金钱、爱情、社会地位、发展机遇，也包括我们自己。

别太把自己当回事，自己感觉辉煌的一生，对别人来说或许是不值一提的；自己最引以为豪的地方，或许在别人看来是最不屑的。我们在别人的眼里，可以是一块价值连城的宝石，也可能是一无是处的尘埃，任何时候我们都应该清醒，不管没了谁，地球依然会转。

自傲的人之所以自傲，是因为他总觉得自己是主角，有数不清的观众在关注他，他的一举一动都会引起轰动效应，也因此，以自己为中心的人大多太在意别人对他的看法，甚至为了给别人留下好印象刻意地伪装；他们太在意别人的看法，总希望借助别人来改变自己。有时候，他们也发现当想发表一点儿个人的观点时，真正地张开了嘴，却发现自己的观点跟别人大相径庭而备受冷落，这无疑触到较真者最脆弱的神经，他们会因此而郁郁寡欢甚至难过伤心。

放下你的主角心态，放松你的较真神经，平心静气地想一想，是不是每天的生活都在继续，并没有因为少了谁而发生天翻地覆的改变？我们不过像是大海中的一滴水，像是浩瀚宇宙中的一颗尘埃。

在一次访谈节目中，周华健谈到自己的一段经历，那是他人生中的一段低谷。曾经的他辉煌一时，走到哪里都可以看到他的电影，听到他的歌曲，收到数以万计的粉丝送他的各种礼物……那个时候，他认为自己就是太阳，歌坛和影坛必须有他才能变得丰富和精彩。可是当他处于低谷的时候，才发现这个世界真的不是那样。“我坐飞机离开香港的那一天，没有人送我，没有人问候我，甚至没有人认出我，我忽然感觉我被这个世界抛弃了，没有人再需要我，甚至没有人问起我，好像我根本不存在一样，那种感觉失落透了。也是在那个时候，我第一次对自己有了一个新的认识，这个认识让我重新站了起来，继续努力奋斗！”

芸芸众生，我们只是人群中的一分子，千万不要把自己看得太重。如果你太把自己当回事儿，在这个世界上你可能会作茧自缚，甚至抱恨终生。我们总是自以为是，认为自己了不起，自己是人们的关注焦点、是人群的中心，那是因为我们太执着于自己，而不能抛开自己，缺少对待他人的一种坦然和随和。我们必须拥有平常的心态、平静的心境，坦然地去面对生活中的得与失。

俄国“文学之父”托尔斯泰经历过两次同样的事情。

第一次，他在一次演讲后，有一个十六七岁的女孩高兴地拿着本子找他签名。当他签上名字后，女孩发现他不是自己想要找的人，便从书包里拿出橡皮擦，当着他的面把他的名字擦掉。那时候，托尔斯泰清楚地意识到原来自己没有那么重要。

第二次，托尔斯泰经过一个车站，一个人在月台上行走。这时一位女士把他当成搬运工让他到候车室取回遗落在那里的提包，并给了托尔斯泰一枚硬币的赏钱。当这位女士得知这个“搬运工”原来是大文学家时，赶忙道歉。托尔斯泰说：“您又没做什么坏事！这个硬币是我靠劳动挣来的，我得收下。”

伟大的人，平常的心。这是一种怎样磊落而豁达的情怀。这份心态和胸怀，每个人都值得学习，只有这样，人生才能坦然豁达地走下去。

花儿开的时候，并不曾注意到自己发出的清香能吸引路人；果实熟的时候，无法预知到自己将为人们提供可口的美味，只是按照自己的生长规律默默地开花结果。“桃李不言，下自成蹊。”假如你不甘心长在野外无人识，偏要落下地来，说不定会更早地烂在泥里，连那一点儿花红、一点儿果香都无法留存。这又有什么意义呢?

别把自己不当回事，因为每个人都在向这个世界证明着自己，为此不惜日夜拼搏努力，但也别太把自己当回事，苛求生活在镁光灯下，生活在众人的掌声和目光里，把自己搞得筋疲力尽，这可犯不着！冷眼看尽繁华，平淡对待得失，畅达时不张狂，挫折时不消沉。在人生的历练中保持从容的定力，在潮起潮落的人生舞台上，“采菊东篱下，悠然见南山”，以一份洒脱娴静的心态来面对喧嚣的红尘。

超越欲望，赢得完美人生

现在的人们，特别是生活在大都市里的人似乎心里都藏着一个心魔。他们在竞争激烈的高压力环境中，纷纷戴上了面具：为面子、为票子、为位子、为车子，只做别人看得见的，能给自己带来光环的事情，以此来证明自己不比别人差，凡事都高人一等。他们就像一台台上了发条的机器，不分昼夜持续运转，或许赢得了一些苦苦追求的东西，可身心疲惫、心力交瘁；甚至有些人拖着带病的身体仍然停不下来，并为此严重地损害了身心健康，乃至于生命。说到底，这都是欲望惹的祸。

别人过得幸福不幸福跟你没有太大的关系，同样，你活得好与不好对于别人来说，亦无关痛痒，而一旦你的心里种下了欲望这个“魔鬼”，你就再难以得到安宁，再也不会快乐，再也不会轻松，再也不会懂幸福的真正含义了。

当然，欲望不会突然而至，这跟生活环境和成长经历有着不可分割的关系。比如，有些人的周围，邻居和朋友纷纷买车买房，或者朋友圈不少人升官发财，这些信息刺激到他们脆弱的神经，会让他们变得不安和敏感起来，他们会调动身体的每一根神经去安抚内心，除非实现这个愿望，否则，他们会一直跟自己较劲下去。

事实上，无论是现在还是早年经历的创伤，都代表着过去，和你的现在与未来毫不相干。人生就像一本书，你可能在其中的某一页或者某几页遭受过这样那样的痛苦，但总不能将以后的几百页也书写成痛苦和不快吧！不必像只刺猬一样带着满身的刺去防备一切，要知道你在防备的同时也疏远了那些快乐的元素。欲望是一把双刃剑，如何运用好这把剑，是每一个成功者需要花费时间去认真琢磨的事情。

印度有一位哲学家说："不知道满足的人，是多么不幸。"什么是满足，什么是不满足？满足就是拥有的比想要的多，不满足就是想要的比拥有的多。你想拥有更多，总觉得自己生活中还有什么不满足的地方，这是没有尽头的。就像江河水一样，水满则溢。人们不幸的由来，在于看不见自己的幸运；不满的由来，则是不知道自己早该满足。

有一位老先生经常对人说他是世上最富有的人。这话传到税务单位那儿，引起税务人员的注意，就派了一个人去调查他。税务员问道："请问你都有什么财产？估价多少？"

老人说："我有健康的身体，它使我不需要依赖别人照看，使我有心情品尝饭菜的美味、感受花草的清香。"

税务员问："除了健康之外，你还有什么财产？"

老人回答："我还有一个贤惠的妻子，每天把家布置得十分温馨，有烦恼时总能得到她的安慰和帮助。"

税务员疑惑地说："还有别的吗？"

老人兴奋地说："我还有几个孩子，都十分孝顺、聪明而且健康。"

税务员不满地说："你说你是最富有的人，那你难道没有什么房地产？银行里有多少存款？"

老人看了看她，微笑着说："我拥有这些，难道算不上世上最富有的人吗？"

当你用一种新的视野看待生活，你会发现许多简单的东西才最美，而许多美的东西也就是最简单的事物，知足常乐才会产生一种轻松心情。

有这样一个寓言：

一个地主对一个穷人说："明天早上太阳升起的时候，你开始往前跑，太阳落山前再返回出发点，那么，我会把你这一天所有跑过的土地都给你。"

穷人当然非常高兴。第二天太阳刚刚升起，他就飞快地向前跑去。一路上，他顾不得吃一口饭、喝一口水，顾不得歇一秒钟。时间过了一半，他仍不想返回，而是继续向前跑。直到太阳快要落山时，他才意识到：必须返回了。这才掉头，但体力已严重透支，加上归心似箭，心急如焚，终于累死在半路上。

看完这个寓言，也许你会一笑了之。你会说："这个穷人真傻。"但是，如果这个穷人就是你，你未必不会这样。 越是贪婪，越要吃大亏！在生活中，欲望常常会让我们贪小便宜吃大亏。为什么这么说？看看下面这个故事你就明白了。

一天，谢老翁去城里看望儿子儿媳，走到半路上，突然见到一个精美的首饰盒滚到他的脚边。身旁的一个小伙子眼疾手快，急忙捡了起来，打开一看，里面竟然有一条金项链，还附着一张发票，上面写着某某饰品店监制，售价3000元。谢老翁当即拽住小伙子，让他在原地等候失主；可是等了老半天，还是没人来领。

那个小伙子便小声提议两个人私分，说："给我1000元，项链归你。"边说边朝巷口走去。谢老翁一听，这怎么可以，但是看看项链，心里就有点儿动摇了。他心想："我可以把它送给我的儿媳妇，当年她嫁过来的时候，我们手头不宽裕也没怎么给她买过东西。这次去看他们，正好把这条项链送给她，她一定会很高兴的，这也是我这个做公公的一番心意嘛。”

谢老翁的犹豫没有逃过小伙子的眼睛，他更是一个劲儿地说这条项链有多好，今天运气好才会遇到的。谢老翁经不住小伙子的游说，便说：“可是我没有这么多钱，我是来城里看我儿子的，身上只带了800元钱。”

小伙子故作大方地说：“这样呀，没关系，我就吃点儿亏，谁叫您年纪比我大呢！”

于是，谢老翁就把好不容易凑到的800元钱给了小伙子，拿着那条金项链美滋滋地向儿子家走去。

一到儿子家，他便把路上的事情跟儿子儿媳说了，还拿出那条金光闪闪的项链送给儿媳妇。小夫妻俩一听就不对，果然，那条项链根本就是假的。

谢老翁这才恍然大悟，原来人家设了一个陷阱让他跳，他非常懊恼，因为那800元钱是准备给还没出生的小孙子买礼物的。

一分辛苦一分收获，世界上没有不劳而获的事情。不要被突如其来的实惠或好运迷惑，因为天上是不会掉馅饼的。

人的一生是为欲而生的一生，也是与欲望抗争的一生。欲望就像一匹桀骜不驯的马，你不牵着它往正确的方向走，它就会拖着你在错误的道路上狂奔，将你摔得遍体鳞伤！

世上本没有什么是完美的，更没有什么极乐之塔，只有做真实的自己，剪断那根欲望的神经，摒除所谓的一个个完美，你才能长长地舒一口气，去感受四周美好的风景，体会人间的温暖和真情，感受活着的意义。如此，你才能超然于欲望之上，才能拥有一个自由轻松、积极健康的人生。

摘下面具，做最真实的自己

有时候生活总是让人迫不得已，不得不伪装自己，戴着面具去表演，从而达到各种各样的目的。因为对某一件事情、某一个人或者某一段经历耿耿于怀，所以伪装出自己心目中完美的样子来遮盖它，这样的事例举不胜举。比如有的人喜欢耍大牌，以此来伪装气场和实力；有的人喜欢逢场作戏花言巧语，以此来获得更好的人际关系……

这是现代人对生活环境做出的适度调整和反应，想想也很正常。稍稍的掩盖会让你顺应生活，可过头了就显得有些做作。可是，有些人却甘愿戴上面具不断逃避，久而久之，不仅会弄丢了自己，还会让人生充满无尽的忧伤与不幸。

小林是一位华裔，他在非洲做生意，从开始的艰难度日到现在的步入正轨，他经历了常人想象不到的艰苦。最初的时候，生意赔得一塌糊涂，周围的朋友都嘲笑他，连心爱的女人也离他而去。这些都成为小林心中难以磨灭的伤痛，当生意好转开始赚钱的时候，他迫切地想向这个世界证明自己，证明自己不是窝囊废。

有年中秋节，餐厅来了很多华人就餐，为了彰显自己的实力和热情，他一时激动就说了句："今天后面的十桌我来赞助啊，大家放开了吃，不用买单。"当天，他餐厅的生意非常好，人满为患。只不过大家吃过之后，嘴一擦，都走了，有人临走时还问他，是不是明年的端午节和春节还会有这样的活动。小林点头说：“当然，当然。”

可是谁知道，中秋节那天餐厅就赔了好几万元。

还有一次，朋友托他办事，后来事办成了，那个朋友送他一块价值不菲的手表。因为中间还有个介绍人，小林不能晾了他，于是说：“咱哥们儿谁跟谁啊，这手表你看上就拿走，反正我也用不上。”结果那个介绍人真的把手表拿走了。其实，小林很喜欢那块表。事后，他说当时都恨不得抽自己耳光。

类似这样的事在他的身上举不胜举，不过他慢慢地明白像这样戴着虚伪的面具去逃避现实，躲避自己的内心，是无法真正拥有快乐的，于是他毅然扔掉了那些伪装面具，去做真实的自己。慢慢地，他走出了曾经的阴影，享受到了生命所赋予的真正快乐。

认清自己，和自己的内心对话，是我们每个人需要经常做的事。我们要学会聆听心里的声音，而不是浑浑噩噩于尘世，沉溺于物欲横流的社会而迷失了自己，因为不管你获得多少物质，都不会真正地感到快乐。想想看，只活在别人的眼睛里，是多么浅薄和虚伪啊！

人在混乱的状态下，常常会很善变，一会儿这样来表演自己，一会儿那样来表演自己，将自己不完美的一面隐藏起来，展现出来的只是自己强大的一面，甚至是刻意放大自己完美的一面，缩小那些大大小小的缺点，从而达到自己的某一个或者多个目的。这些伪装的行为如同美丽的面具，看似完整华丽，实际上非常易碎，更令你痛苦的是，如果你将这些碎片放错了位置，就无法还原那个华丽而完美的面具，无法展现那个强大而优秀的自己了。因此，不如摘下那个伪装的面具，告诉大家：看，这才是真正的我，其实我并不想笑，我难过得要命；其实我并不强大，我脆弱得可怜；

其实我并不想装，现在的我不知道有多真实自然……

生活中，你是什么就是什么，该笑时笑，该哭时哭，穷就是穷，富就是富，不要去假装，就算面具很诱人，可摘下面具呢？捏着扁扁的荷包，心里的苦楚恐怕只有自己知道，何必如此！

每个人都是赤条条地来到这个世界上，一开始，谁也不是幸运儿，吃一点儿苦，受一点儿累，心里遭受点儿委屈，遇到点儿挫折，那都是再正常不过的事情。要知道，正是那些你经历过的伤痛才会提醒你，幸福是多么的来之不易。你要做的，就是一步一步地去争取，而不是戴上各种面具去逃避。你可以逃得了一天，可你逃不了一世；你可以骗得大家一时，可你骗不了自己的内心；面具笑得灿烂，可你却泪流满面，逃避的煎熬让你体会不到快乐的滋味，有的只是每天从一睁开眼就要去考虑，怎样才能让我的世界完美。世界不会顺应你的意愿，就算你是领导者也是如此。既然改变不了这个世界，那么只有接受，只有顺从。接受人和事的不完美，接受有缺憾的自己，睁一只眼闭一只眼，难得糊涂不是也很快乐吗？

打开枷锁需要你的双手和勇气，用双手摘掉面具，用勇气去面对现实。要相信，当你用真诚的微笑去迎接每个人时，比任何一副面具更容易打动人心；当你豁然乐观地处理每件事时，你会听到内心为你欢呼雀跃的声音。世界其实很简单，你笑它就笑，你哭它也哭。幸福与不幸，取决于你的态度，放下，是让你心态淡然的关键。唯有如此胸怀，你才能理解人生的真谛，知晓生活的意义。

让时间慢下来

你是否能每天早晨在阳光中醒来，然后舒展身体做一会儿瑜伽，然后在音乐声中仔细咀嚼早餐，感受大米的软糯、芹菜的脆鲜、西红柿的多汁……保持对生活的热爱，你会随时捕捉到幸福的气息。可这样的场景对大部分人来说是奢侈的，用有些人的话说就是：等哪天我有几个亿了，或者失业了，要不就是等我 60 岁退休了就可以过上这样的日子了！

的确，这是一个快节奏的社会，人们每天都在忙忙碌碌中度过。因此，人们对于那些以小时或者分钟来计算生活的人早已见怪不怪，正是因为生活节奏的加快，让许多事情的变化发展过程不断被删减、省略、模糊，与此同时，我们对周边环境变化的耐心变得越来越小：电梯门只需要几秒钟就可以关上，可是总有人不停地摁关门键；一个红灯不过几十秒钟的时间，总有人闯过去；电脑启动只需不到一分钟的时间，可总有人抱怨太慢……

当今社会物质前所未有的繁华，可人们对幸福的满意度却在不断下降，对人和事越来越缺少耐心……我们都在快节奏中变得浮躁、焦虑，变得越来越不像真实的自己。“忙”的汉字结构是“心”和“亡”，不言而喻，当一个人处在不断忙碌的生活中，是无法体会到生活的从容和乐趣的，更不可能深入地去了解自己的内心，用一句话形容就是“心亡了”。

说到这里，大部分人都会表示出无奈，“谁愿意这样啊！”“我也想慢下来享受生活啊，不吃不喝行吗？不去工作赚钱行吗……”真的有那么忙吗？你是否审视过你每天都在忙的事情的必要性和合理性。在这个追求效率的时代，人们都盲目地变成了时间的奴仆，早出晚归、披星戴月地忙碌着，大街上的人们总是脚步匆匆，这样就真的幸福吗？

小米在一家汽车公司做企业宣传企划，虽说公司规定是9点钟上班，5点钟下班，但是她从来就没有准时上下班过。每个工作日不到8点就赶到公司，然后一头扎进工作里，有开不完的会、写不完的报告、改不完的方案、想不完的策划……她经常在饿得头晕眼花的时候才把午饭端到电脑前，即使色香味俱全的食物吃到嘴里也索然无味，晚上回到家里，还要一直加班，即使在睡梦里也在想着第二天的方案，经常半夜一两点醒来就再也睡不着了。最近，她经常在工作中走神，导致精神高度紧张。她自己都说，再这样下去都要崩溃了。

很多职场人都有着和小米一样的经历，这是对职业和生存的过度紧张所产生的反应。身在其中的你，或许并不觉得有什么不妥，但时间一长，累积到一定的程度你就会感觉到压抑了。列车超速会失控，人生超速会失衡，每个人的刹车就在脚底下，可就是不愿意去踩，因此生活节奏总是慢不下来。为什么会这样呢？根源在于我们什么都想要，要炫目的名利，要更多的金钱，要去周游世界，要健美的身材，要更大的房子和更好的车……在希望和拥有之间产生了令人苦恼的距离，因此总想抓紧时间赚钱，所以生活总是慢不下来。

我们总想看得更高更远，和外界紧密地联系在一起，却忽视了内在的需要和节奏，我们恨不得30岁就去完成100岁该做的事情。其实，有时候我们需要的是给自己松一松发条，让心慢下来，时间慢下来。推掉不必要的应酬，减少不必要的欲望，把那些花费在吃喝玩乐上的时间留给自己，学会一个人独处，听音乐、练瑜伽、给自己充电、和亲人团聚，这些只需要一个选择就可以实现。慢下来之后，你才会渐渐发现自己存在的意义和内心的需要。一行禅师说："柠檬树开花的时节里，果实早已存在，只需再多一个条件——时间。"世界上所有的一切都有内在的时间与节奏。美酒需要时间变醇厚，感情需要时间去经营，伤痛需要时间去愈合，幸福需要时间去品味，只有当生命以它自在的韵律和节奏展开，才是舒展和丰厚的。

能够驾驭自己生活的人，都具有钝感生活的智慧。他们知道什么时候该加油门，什么时候该踩刹车。一个爱自己的人知道 20 岁的生活就该像 20 岁，而不是将自己忙碌成 30 岁或者心理衰老成 50 岁，能做到这些也就实现了慢生活。当你开始慢生活的时候也就开始了乐生活。乐生活是一种合理舒适的生活状态，对物质欲望不过分强求，对人对事不过分计较，说得直白点儿，就是能负担得起符合自己能力范围的舒适生活。

毕淑敏说：一个幸福的人生有三件事情不能少：一是学习，二是旅游，三是锻炼身体。有人又说了，哪儿有时间啊？歌里不是也在唱："我想去桂林呀，我想去桂林，可是有了钱的时候我却没时间……"这是所谓的狡辩。一杯茶的时间可以学习，捧一本书在喧嚣的闹市都可以静下心来品读，何况是窗明几净的安静场所？实现不了环球旅行，你可以去周边走走，换一种心境。没时间去健身房，你可以下班走上几站路，锻炼不需要成本，只需要心境。

当你的生活里，这三件事情缺一不可的时候，你就学会了慢生活，当你适应慢生活的状态时，你的心将不再空虚。因为你会理智地审视自己的生活，不会过高要求自己，要求别人，要求周遭的每一件事。你知道，那样别人做不到，你也做不到，所以，你才会给自己一点儿空间、一点儿时间、一点儿自由，让自己放慢脚步，去体会生活。

爱自己就把自己交给岁月。让生活慢下来，不是偷懒，而是张弛有度，有节奏地掌握生活进度。忙而不乱，闲而不散，不要强迫自己去忙，更不要把忙当作功劳标榜。如果有人问你忙不忙，你最好说："还行，过得挺自在。"自在就是在频繁的出差间隙带上家人去郊外度假，在经常加班的时候给自己网购一些新奇的东西，在办公室里简单地搞一个聚会，在孩子学习不紧张的时候带他去郊外看日出……

当然，要让你迅速从紧张忙碌的快节奏中慢下来也是不可能的，尝试着从小事做起，从点点滴滴开始，慢下来去享受生活，释放情绪，让压抑和郁闷变成放松和平和，渐渐地你便能体会到"淡泊明志，宁静致远"的深意，这才是任何物质和名利都带不来的踏实安宁。

释放精英心态，给心情放个假

用陀螺来形容现代人再合适不过，人们总是喜欢生活在各种各样的光环中。工作中，我们给自己制订了一个又一个的目标，以期实现成功的梦想，以期让自己成为一位成功人士或者精英。生活中，我们将自己的各种优势展示在众人眼中，从孩子成绩到吃喝穿戴，从家具装修到有钱亲戚，但凡有些炫耀的资本，无不都要宣扬，以此博得大家的羡慕和赞美。凡此种种无一不是精英心态在作怪！“我是最好的”“我是最棒的”“我是最了不起的”“我要成为 NO.1”，这些人在精英心态的驱使下，成了魂不附体的壳，每天都在忙忙碌碌的目标中度过，整日紧绷着脸，全力以赴打造他的英雄帝国。享受生活，在那些所谓的精英梦想中被打碎，内心深处的安宁亦随之逃遁了。

可能有人会说：“谁不想成为人上人啊？谁不想让人羡慕啊？窝窝囊囊穷穷苦苦一辈子，那多没有价值！”的确，这番话道出了人们的虚荣心理。有点儿梦想、有点儿追求，是一件值得赞赏的事情，可一味地把别人的羡慕和评价作为活着的唯一目的，就有些作茧自缚了。

我非常认可作家王小波的姿态，他不仅有留学背景，文学素养也很高，却过着一种最草根的生活，穿着裤衩背心在一群西装革履的作协作家中间穿行。他从来不认为自己就代表了精英，不说一句话，他只在沉默中特立独行地做着他认为正确的一切，这便是大多数口口声声向往精英却无法真正成为精英的人永远做不到的。

对现实不低头，从容地顺从自己的内心，做自己该做的事，而不是刻意打造出精英的外表秀给大家看，让众人欣赏赞扬。精英是一个人的内心状态，不需要借助道具和面具展示，所谓“腹有诗书气自华”，说的就是这样的境界。

人分三六九等，五根手指头伸出来还有长短之分，在适合自己的环境中过最舒坦的生活，就是最精英的模式了。不要强迫自己非要做出个精英的样子给大家看，成功与否，对大家来说，无非是个茶余饭后的谈资罢了。一定要让大家说你好，一定要让大家夸你棒，一定要让领导认可你的能力和成绩，为此不惜拼个头破血流，这样做实在没有意义。顺其自然，水到渠成，当你努力的时候，该来的东西自然会来，当你没有尽力的时候，强行伪装出来的也是假的。不是人人都适合做精英，也不是人人都具备精英的心态，所以，把要强的心放到一边，先权衡一下，自己是否适合精英群体，然后再整装上路。

“做精英是为了活得更好，如果因为做了精英而活得越来越不好，那还不如做个小职员呢。”我的好友大佐如是说。

大佐是一个集团公司的董事长助理。这个位置已经很精英了。他工作很忙，有时候老总开起会来会耗掉整整一个晚上，有时候准备竞标的材料会让他从早忙到晚……可是无论在什么时候见到他，他都是神采飞扬的。在他的办公室里，总能见到一束盛开的鲜花，几张高雅的小提琴曲 CD，柜子的角落里还放着瑜伽垫。他的衣服总是一天一换，不为别的，就为自己能有个好心情。

我问他，除去做精英可以拿到高薪外，像他这个位置会不会有“伴君如伴虎”的感觉。他点头笑笑：“多少是有一点儿。职场凶猛啊，怎么可能没有压力，上面董事长的压力，下面同事都戴着有色眼镜看你，有的不服，有的嫉妒，有的随时准备给你搞破坏，如履薄冰啊。只是我这个人喜欢主动，不喜欢被动。哪怕是压力，我也像对待鲜花、对待朋友一样对待它们。有的人身处高层或者中层，每天像个角斗士一样，随时准备战斗。那样一来，只会被对手牵着鼻子走，而且情况越来越糟糕。我喜欢清清爽爽地工作，简简单单地做人。有时候透不过气来就自个给自个找乐：看下小笑话呀，整理抽屉书桌呀，添一个小盆景呀，趁中午大家休息的时候出去散会儿步呀，挺好的啊。你看，我现在是不是丝毫没有被压迫、被煎熬的神态？”

我看着他，敬佩地笑了。

一个真正的精英不但懂得管理事业，更懂得管理自己的情绪和内心。他一定是既会工作也会休息的人。会休息的含义就是主动休息，忙里偷闲地休息。在身体疲惫的时候、焦虑的时候都要适时抽时间放松和休息，这是一种积极的释放方式。而不是需要老板宣布休息，才会回家大睡一觉，这样的休息充其量只能缓解暂时的工作强度和身体的疲劳程度，时间长了甚至会导致对工作的厌烦和抵触。

精英的心态，其实是一种积极向上的心态，有一种努力进取的勇气和魄力。明白了这一点，对精英有了清楚的认识，想必你就不会戴着盔甲整日盲目地冲杀在生活和工作的战场中了。心中无敌，天下无敌。把心放宽，把心放大，游刃有余地生活和处世，这本身就是精英。

有句话说得好：一个优秀的管理大师首先是一个能够管理自己内心的人。精英人士大都有超人的智商，可并不是所有的精英都有着超人的情商。只有认识自己，摒除不必要的，知晓内心需要的，才可能做更好的自己。

冷静是一种人生境界

孔子说："君子欲讷于言而敏于行。"这里的"讷"意思是"忍而少言"；"敏"是机敏、积极。这句话就是说君子说话要谨慎，行动要积极。重点在于思，三思而后行，遇事冷静则是翩翩君子应当具备的基本品行。

冷静实际上是淡定的一种表现，也是人生的境界。

两名病人因患肺结核而住进了医院。甲病人沉着冷静正确应对病情，安心接受医院的治疗。乙病人整天顾虑重重，时不时想到如此待下去会耽误工作，内心压力很大，常处于烦躁之中。甲病人见状，便主动开导他："老兄，不要着急，先治好病，以后的工作自然就可以顺利完成。"过了不久，甲病人治愈出院了，临走时勉励乙病人要安心治疗，不要那么着急。当乙病人出院的那天，看着迎面微笑着走来手捧着鲜花的甲病人，他的心里顿时有说不出来的感激。

在我们的生命中，许多事情都需要我们冷静地去面对，也就如同甲病人一样，乐观、冷静、淡定地去面对它，我们才可以战胜疾病的折磨，正确地做出一项决策，选择并开辟一条人生之路，赢得一次次机会，取得人生中的一次次成功。生命中有许多事情都需要我们去应对，因此一定要学会冷静地去思考，去准备，去行动，去正确地面对一切。

在人的生命当中，有很多问题都需要以一颗冷静的心去面对，在小的时候面对老师一次次的提问，面对着一道道计算题；毕业时面对的是选择继续深造，还是择业，应对面试官的令人费解的问题。总之，人生当中所面对的每一次重大的决策，都需要我们冷静地去应对。学会沉着地去应对，认真思考，你才能真正找到一份满意的答案。

历史上，许多杰出人物正是具备了临危不惧的优点，才创造出了一个又一个的丰功伟绩。

三国时期，诸葛亮的妻子黄氏是历史上有名的丑女。她发黄面黑，长得很难看，附近的青年男子都不愿娶她。不过，黄氏长得虽丑，却颇有才能，品德极佳。一日，黄氏的父亲黄承彦见到诸葛亮，听说他想找个媳妇，便对他说："闻君择妇，家有丑女，黄头黑面，才堪相配。"没想到，诸葛亮竟然真的重才轻色，当即求亲。于是，黄承彦便将女儿嫁给了诸葛亮。

这事一下子在当地引起轰动，当地人都拿这件事做笑料。但自从得到黄氏这位贤内助后，诸葛亮受益匪浅，后来挂印封侯，成就伟业，莫不得力于黄氏内助。

在戏剧和图画中，诸葛亮总是身披八卦衣，手持鹅毛扇，一副运筹帷幄、决胜千里的姿态，传说鹅毛扇便是黄氏送给他的一件礼物。诸葛亮出山辅佐刘备，行前，黄氏用其父赠给她的一只大鹏鸟翅做了一把扇子，扇柄上画着八阵图，要诸葛亮随身携带，一则不忘夫妻恩爱，二则对行军作战大有裨益，三则告诫他息怒。

黄氏对诸葛亮说："你与家父畅谈天下大事时，我发现当你说到胸中的大志，就气宇轩昂；谈到刘备先生想请你出山，就眉飞色舞；一讲到曹操，就眉头深锁；一提到孙权，就忧戚于心。大丈夫做事情一定要沉得住气，我送你这把扇子就是给你用来遮面，挡你的脸的。"

诸葛亮拿起鹅毛扇一摇，头脑很快就冷静下来。因此，诸葛亮离开草庐后，一直身不离八卦衣，手不离鹅毛扇。原来，“遮面”的意思是说先要沉得住气，然后才能处之泰然，保持冷静。

在如今现实的生活当中，我们做事情就更需要学会冷静。冷静地应对一次考试、一次面试、一次演讲、一次交谈、一次约会……遇事不淡定，凭借自己的一时冲动，往往容易误了大事，甚至损人害己。

生活中有很多人和事，都是因为在突发情况下的不淡定，随着时间而使事情发生恶变，从而使自己也成了受害者。

一位大学生应聘一家公司搞产品营销，公司提出要试用三个月。在这三个月中，他每天起早贪黑全身心地投入工作，而且颇有业绩。当三个月已满时，他恼怒公司还没有正式聘用而愤然提出辞职。公司的一位副经理请他再考虑一下，他越发火冒三丈，说了很多过激的抱怨话。对方终于也动了气，明明白白地告诉他，公司不但已经决定正式聘用他，而且准备提拔他为营销部副主任。就这样一闹，公司无论如何也不会再用他了。

在我们平时的生活当中，做到淡定地面对世间的社会百态、实际问题，才能够使我们的生活更加顺利。冷静处事，是为人的素质体现，也是情感的睿智反映。在《大学》中曾强调：“静而后能安，安而后能虑，虑而后能得。”这个“得”是指有所收获。

想得开心，做得开心，你就会真的觉得开心。如果你想让人生尽情发挥，尽显生命潜能，享受人生之旅，你就必须在任何时间、任何环境条件下都保持冷静、积极、乐观的心态。

“平常心”其实不平常

“平常心”是现在人们常挂在嘴边的三个字。可平常心是什么呢？平常心就是做好每天要做的事情，享受生活，享受做好每件事情所带来的快乐。平常心就是凡事既要尽力而为，又要顺其自然，不苛求事事完美，有着从容淡定的自信心。平常心应该是人生的一种常态，只有具备一定的修养才能持有，因为它属于一种维系终身的“处世哲学”，它的背后是一种不计较的气魄和胸怀。

三伏天，久旱无雨，禅院的草地枯了一大片。“快撒些草籽吧，好难看啊！”小和尚说。“等天凉了，”师父挥挥手说，“随时！”

中秋，师父买了一大包草籽，叫小和尚去播种。秋风突起，草籽随风飘飞。“不好了，许多草籽被风吹走了。”小和尚大喊。“没关系，吹走的多半是空的，撒下去也不会发芽，”师父说，“随性！”

撒完草籽，几只小鸟即来啄食。“真要命，草籽都被鸟吃了！”小和尚急得直哭。“没关系，草籽本就多准备了，吃不完，”师父继续翻着经书，“随遇！”

半夜一阵骤雨，小和尚早晨冲进禅房：“师父，这下真完了，好多草籽都被雨冲走了。”“冲到哪儿就在哪儿发芽，”师父正在打坐，眼皮都没抬一下，“随缘！”

半个月过去了，原本光秃的地面长出许多绿芽，一些原本没有播种的角落也泛出了绿意，小和尚高兴得直拍手。师父信步踱到院子里，点点头说："随喜！"

人在这个世界上面临的根本威胁不是自身能力或机遇上的不足，而是无法抵御环境变化带来的刺激而导致的情绪失控，以至于不顾自然之道，采取了非理性的行动。故事当中禅师的平常心，看似随意，其实是洞察了世间玄机后的豁然开朗，不计较任何意外带来的损失和灾难，顺其自然。我们在平常的生活和工作中，面对环境激烈的变化，人心会反复震荡于浮躁、得意、狂喜、傲慢、迷茫、不安、沮丧、焦虑、恐惧甚至绝望之间，便会采取一种自我保护的行为，计较一切得与失，在计较中变得气愤、郁闷、暴怒、郁郁寡欢……当我们被这些不良情绪围绕时，是不会懂得平常心的真正含义的。

平常心说起来容易做到却很难，我们常常被周围的人事变动和纷繁复杂的表象所迷惑，看不到为人处世的真相。人与人的差异情形万千，总是存在着这样那样的矛盾和冲突，如果计较各种细枝末节，心胸会变得狭隘和自私，久而久之，这种计较会折射到生活工作的方方面面，如荆棘一样阻挡你前行的脚步。生活中有些人看起来不热不冷，你摸不清他的性格和脾气，更不知道他是一个豁达的人还是一个自私狭隘的人。没有关系，保持一颗平常心，不要着急接近，也不要盲目疏远，在慢慢地接触中你会发现和了解到你和他的共性和差异，当熟悉之后，你就可以和对方游刃有余地相处了。

平常心，其实是最自然的一种状态，不卑不亢、不远不近、不亲不疏。过于谦卑或者过于自大，过于亲密或者过于冷漠都不是平常心的表现。

雷明的朋友很多，用他的话来说就是"我的朋友遍天下"。的确如此，不管到什么场合，他用一顿饭的时间就可以结交到很多朋友，相谈甚欢，用不了多长时间就会以哥们儿相称，很是亲热。但最后真正跟他交心的人并不多，有些哥们儿随着交往的深入，隔阂差异越来越大，便慢慢地冷淡疏远了。雷明也很纳闷："我也不知道怎么了啊，我待人从来都是真诚相见的，既然是朋友，就不用藏着掖着，大家都掏心窝子说实话，何必装模作样呢？"

后来我才发现雷明和人交往有几个特点：

第一，坦诚为怀。即使是刚认识的人，他也是芝麻绿豆一起倒，不管对方喜欢不喜欢、乐意不乐意，都会将自己的底全部交代。这样固然好，显得亲热诚恳，却犯了一个错误，那就是在对方还不了解的情况下，这样做会让对方觉得你自来熟、肤浅。

第二，不能适当保持距离。一个人在交际中形成对别人的吸引力表现为他的交际魅力。这是一个内容丰富的综合体，包括个人的形象、知识、品德、能力、语言、幽默等多层次、多方面的内容。一个具有交际魅力的人，别人会主动亲近他、接受他、适应他，人与人之间的差异、矛盾会得到有效消除。雷明和一些刚认识的朋友，在还不了解对方的情况下，互动非常频繁，有时候是在对方忙于工作的时候去打扰对方，时间一久，大大降低了他自身的交际魅力。

第三，也是很重要的一个方面，就是雷明喜欢计较。用他的话来说："我都把我的底交完了，你是不是也给我交交你的底？""我请你吃饭都花了二百多，你怎么一碗面就把我打发了。""上次喝酒都把我灌醉了，你们也没人看望我一下，真不够意思。"……类似这样的计较基本上每天都在雷明身上发生，时间长了，大家都慢慢疏远他了。但是雷明却不知道其中的原因，依然在掏心掏肺和计较中生活着。

花开花落，春去秋来，是自然界的规律。大自然从不计较，所以会永恒地付出，因此人们能享受到阳光、空气和雨露的馈赠。一个有智慧的人也是，安心做好自己该做的事情，工作中自然有同事和领导看到你的努力和用心，朋友中自然有人感受到你的善良和诚恳，亲人自然会用加倍的关爱回报你……一切皆有定数，不是你斤斤计较和绷着神经就能换来的，要知道，计较的结果就是痛苦。在这个人人都追求幸福感的时代，有谁会愿意带着痛苦生活一世？

坦然些，淡然些，洒脱些，豁达些，当你不去计较的时候，便拥有了一颗平常心。当你站在云端俯瞰的时候，你会发现那些纷扰和烦恼是多么的可笑。与其这样，还不如放宽胸怀顺其自然！

第四章

打开心胸，才能走得更远

心外世界的大小并不重要，重要的是内心世界的宽窄。一个胸襟宽阔的人，纵然住在一个小天地里，亦能转境，把小天地变成大世界；而一个心量狭小的人，即使住在摩天大楼里，也会是鼠目寸光。

大肚能容，容天下难容之事

古谚说："将军额上能跑马，宰相肚里能撑船。"这些话都是强调为人处世要豁达大度，以一颗宽容之心来容忍他人缺点的道理。

纵观古今中外的仁人志士，无不是以大度为怀，置区区小利而不顾的。相反，鼠肚鸡肠、只言片语也耿耿于怀的人，没有一个能成就大业的。

三国时代，曹操和周瑜都是才华横溢的人，然而他们的度量大相径庭。袁绍进攻曹操时，令陈琳写了三篇檄文。陈琳才思敏捷，斐然成章，在檄文中，不但把曹操本人臭骂一顿，而且骂到曹操的父亲、祖父的头上，曹操看后，气得火冒三丈。不久，袁绍兵败，陈琳也落到了曹操的手里，一般人认为，曹操一定会杀死陈琳以解心头之恨。但胸怀大志、目光高远的曹操并没有这样做，他羡慕陈琳的才华，不但没有杀他，反而对其委以重任，心怀感动的陈琳在后来为曹操做出了很大的贡献。

众所周知，周瑜聪明过人，才智超群。虽然是个将才，但却没有大将应有的度量。他对诸葛亮一直耿耿于怀，几次欲害之，均不得逞。赤壁之战，周瑜损兵马、费钱粮，却叫诸葛亮得了个现成，气得周瑜"金疮迸裂"。后来，周瑜用美人计，骗刘备去东吴成亲，被诸葛亮将计就计，最后是"赔了夫人又折兵"，气得周瑜又"大叫一声，金疮迸裂"。最后，周瑜用"假途灭虢"之计，想谋取荆州，被诸葛亮识破，四路兵马围攻周瑜并写信规劝他，周瑜仰天长叹：“既生瑜，何生亮！”连叫数声而亡，可见周瑜度量之小。无怪东吴的鲁肃要说：“公瑾(周瑜)量窄，自取死耳！”

在传统儒家思想的熏陶下，国人向来讲求忠恕之道，而这样的修养运用在待人方面，更可以使我们修身养德而远离灾祸。古有明训：“严于律己，宽以待人。”对于我们自身的小过失，理当严加戒律，这是关于修身的问题，不可轻忽；但是对于别人的小过失，却该予以宽容，切不可乱加谴责，而伤了别人的自尊，影响了彼此的和气。对于他人的秘密或难言之隐，如果自己知道了，更当视同自己的秘密守着，千万不可当众揭露或四处张扬。若是将别人的隐私揭露并宣扬，则将使他人无地自容，也造成了彼此间的怨隙。这是相当不值得的，而且也损及道德。至于别人与你有过嫌隙、过节，更当予以宽恕，不可时时谨记，勤思报复之道。古人云：“冤冤相报何时了。”我们当有结束纷争的修养，而不应该将它扩大。

在宽容方面，楚庄王可以说是一个典范。也正是由于他的宽容，才赢得了社稷江山。一次他宴请群臣，让大家不分君臣落座，正当大家饮酒尽兴之际，一阵风吹来，把灯火熄灭，顿时全场一片漆黑，伸手不见五指。这时，有一个人趁黑之机，调戏楚庄王的爱姬，爱姬十分机智地扯下了这人的冠缨，并告诉楚庄王说：“请大王把灯火点燃，只要看清谁的冠缨断了，就可以查证谁是调戏我的人。”群臣乱成一片，以为定会有人丧命，可是出人意料的是，楚庄王却宣布：“请大家在点燃灯火之前都扯下自己的冠缨，谁不扯断冠缨，谁就要受罚。”灯火再燃起，群臣都已经扯去了冠缨，自然无法查出那个调戏爱姬的人，大家都舒了一口气，又高兴地娱乐起来。两年以后，晋军攻打楚国，有一名将军勇往直前，杀敌无数，立了大功。楚庄王召见他，赞扬他说：“这次打仗，多亏了你奋勇杀敌，才能打败晋军。”这个将领泪流满面地说：“臣就是两年前在酒宴中调戏大王爱姬的人，当时大王能够重视臣的名誉，宽容臣的过错，不处罚臣，还给臣解围，这使臣感激不尽，从那以后，臣就决心效忠大王，等待机会为大王效命。”

只要是人，就没有不犯错的，当人们做了错事的时候，总是渴望得到别人的谅解，总是希望别人把这段不愉快的往事忘掉，因此，如果你遇到别人有对不起你的言行时，就应该设身处地、将心比心地来理解和宽容别人。一个人若想成就一番大事，在人际交往中，就不要太计较个人的得与失，应该把目光放得长远些，应做到眼光高远，胸襟博大，克己忍让，宽容待人。

处世之道贵在和谐，如果谴责别人的小过失，揭发别人的隐私，念念不忘别人的旧恶，将使自己的心受到挟制，这样易造成自己在与别人相处时出现危机，为自己树立更多的敌人。相反，一个讲忠恕待人的人，心胸开阔，宽恕仁爱，他自身的修养就会臻于完美，没有敌人，灾祸也就不会降到他身上了。

现实生活中，人与人之间的良好关系是建立在宽容基础之上的。以宽待人，人们彼此之间才能感情融洽、和睦相处。俗话说：“尺有所短，寸有所长。”每个人都有缺点与不足之处，倘若不能宽容他人的弱点和缺点，人与人之间就无法正常交往。宽容不会失去什么，相反，却会以此得到敬重。

“海纳百川，有容乃大”。宽宏大量是一种美德，是每个想成就大业的人必须具备的素养。宽容是一种坚强，而不是软弱，宽容是以退为进，积极地应对和防御，无奈和迫不得已不算是宽容。

为人处世要学会换位思考

“你怎样对待别人，别人就怎样对待你。”这条永恒的成功法则适用于每个人。因此，我们凡事应该多为他人想一点，要学会站在他人的立场上思考。在现实的工作和生活中，如果我们具有了同理心，能设身处地考虑到对方的立场、观点、感受、难处，那么，上司与下属之间、同事之间、朋友之间、夫妻之间、父母与孩子之间、业务员与顾客之间等，就会多一分理解、多一分宽容、多一分照顾、多一分体贴，相互之间的关系就会更为和谐、融洽、温馨。

春秋战国时代，燕国有个叫赵礼的人，他有一块在路边的田。靠近田边的这段路比较低洼，下了雨就要积水，道路泥泞，难以行走。过路人只好踏着他的田走过去。这使赵礼非常生气，于是他在田头上插了一个“禁止通行，违者罚银两”的牌子。但行路人似乎视而不见，依然从他的田地里穿行。他一气之下，便在低洼路面和田地中间挖了一条让人跨不过去的沟。没想到，这不仅没能堵住行人踩田，反而由于行人要绕大弯子而踩踏了更大面积的田地。为此，他常常与行人争吵不休，总令自己气得寝食难安。

过了些时候，他的心慢慢地平静了下来，开始换位思考，田边小道如此泥泞，行人当然不愿意走，如果把这条低洼的路修好，行人不就不从田里穿过了吗？于是，他排除了路面上的积水，挑土填平了低洼路面，修了一条平坦的小路。打那以后，行人再也不踩他的田了。

佛说，别人是你自己最好的一面镜子。你怎样对待别人，别人就怎么对待你。你不为别人着想，别人就不会为你着想；你替别人着想，考虑别人的方便，别人也会替你着想，考虑你的利益。

由此可见，最好的关怀与抚慰并不是在言语之间，而是设身处地地站在对方的立场，细心体会对方的实际需要。这种深层次的关爱，不但能安慰对方沮丧的心情，使之情绪得到缓解，更能点燃他们心中爱的力量，从而激发他们内在的无限潜能，这就是同理心。

同理心和同情心不同，它更多的是指人们在日常生活中经常提到的设身处地、将心比心。用《岳阳楼记》里的话来讲意思就是“居庙堂之高则忧其民，处江湖之远则忧其君”。虽说我们大多数的人都知道在与人交往的时候要学会换位思考，但是在很多时候却难以做到，为什么会如此？倘若要追究其根本性的原因，就是因为太过于自我。而我们要真正地做到换位思考，就必须让自己保持一颗真诚的心。

在人际交往中，不论面对的人是谁，也不论他是什么角色，只要我们拥有一点儿友善，能够设身处地地了解和重视他人的想法，即便是产生了分歧与矛盾也可以较为容易地找到解决方案，并培养和建立起良好的合作情感。当两个人发生冲突或者误解时，如果你控制不住自己，任由伤人的话语脱口而出，任由伤人的行为自由发泄，那么只会适得其反。如果你能冷静下来，适时地站在对方的立场上去想一想，也许就可以理解别人为什么那么做，为什么那么说了，这样一来，误会解除，彼此的信任和理解就会变得更深厚了。

其实，你也可以发现，在生活和工作中，凡是那些有着同理心的人大都有着较好的人缘和不错的发展。这是因为，一方面他不会把自己不喜欢或者不愿意接受的事物强加于人；另一方面，他会根据自己的喜好推及他人或者贴心地去猜测对方的喜好，并且和对方真诚分享。而那些自我的人或许会得到一时的幸运，却很难拥有终生的幸福，因为没有人愿意和一个多疑孤僻、自私自利、消沉悲观，凡事只从自身利益出发的人交往。

我们每个人都希望别人能够了解自己，正是因为得不到了解或者了解不够，所以才导致人情淡漠、沟通不畅，自私的人更自私。而对生活包容的人会换个角度想一想：如果我是他，我会怎么想？自我的人大都很自私武断，他们喜欢根据自己的猜测下结论，或者强行将自己的想法施加在别人身上，丝毫不考虑别人的体会和感受。这样的人一般朋友很少，得到的帮助和关爱也非常有限，在人际交往中时常处于被动和尴尬的局面就不足为奇了。就像一位重症患者在病魔面前脆弱怯懦，他向医生诉说的时候，更多的是寻求一种理解和支持。而大多数医生这个时候都会把自己的意愿放在一边，站在患者的立场，倾听并且给出合理的建议。这样在治疗之前，患者从心理上就已经信任了医生，并且对自己的病情有了很乐观的看法。如果这位医生丝毫不顾及患者的情绪，不等患者说完就开药，那么，患者不但抵触，对医生不信任，同时也对自己的病情产生了消极的想法，从而给治疗带来阻碍。

我们不能要求自我的人迅速将自己的思想境界提升到一个很高的高度，那样也不现实。只是建议，在为人处世的时候，不要太过于武断，要学会站在对方的角度上去理解对方所传达的信息，听明白对方说了什么，并且体谅、理解别人，这就已经迈出了很大的一步。比如一位下属向你诉说他在工作中遇到的难题，或者情绪出现了低谷，你明白他当下的状态，并且理解他的这种状态时，就已经是同理心的表现了。如果你能及时提出合理的建议帮助他渡过难关，那么你就已经不再是自我的人，而是一位值得员工信任和尊重的领导，也是一个值得深交的朋友。如此良性循环，不论是在工作上还是在生活中，你都会收获一份自信和快乐。

中国人在人际交往中常常有一个习惯，就是很少主动表达自己的需求，而是给予暗示，让对方去猜，如果你对他不了解，或者对他话语中的感情成分和隐含内容不了解，就很难知道他真实的意图，这样就会形成沟通障碍。遇到这样的情况，不要去瞎猜，更不要武断地下结论，你只要换个角度，站在对方的立场上设身处地地去想一想，答案大多会了然于胸。这一点，在为人处世的任何情况下都适用，而且你也可以避免因为武断而犯下一些不必要的错误，给自己平添一些不必要的麻烦。

云卷云舒，淡看人生起伏

在人际交往中难免会发生一些不愉快的事，这些不和谐的细节常常是在不了解、不理智、没有耐心、缺乏思考的情况下发生的，因为没能更好地体谅对方、替对方着想，在冲动之下所做的决定在无意中造成了伤害。一旦出现这样的情况，两个人的关系往往会变得僵持起来，甚至会绝交。这其中的关键就在于人的胸怀，宽容在这个时候显得尤为可贵。宽容他人，你就是仁者，多一份宽容就多一份人格魅力。

生活在大海里的鱼不会因为遇到一点点风浪就惊慌失措，小溪里的鱼就不同了，一点儿水流激荡就会四处逃窜。人也是这样，一个心胸狭隘的人常常是敏感而脆弱的，在人际交往的过程中会因为一点儿蝇头小利斤斤计较，但往往是小利得手之后才发现自己丢掉了大利，因为人们会因为他的狭隘远离他。胸怀坦荡、宽容豁达的人不会因为芝麻绿豆的小事而忙得团团转，他们做事稳重、从容不迫。

康明先后从两位领导身上学到了不少东西，其中最大的收益就是学到了宽容。起初，康明还是一位产品推销员，在推销的过程中不断碰壁，他懊悔极了。他的第一任领导说：“如果你能做到对每个拒绝你的人说声‘谢谢’，有朝一日你便会坐到我的位子上来。”康明虽然当时并不明白其中的缘由，可还是照做了。

有一次，他上门推销，被拒绝之后，康明走到门口，然后转身向客户深鞠一躬，说声："谢谢你。"客户不明所以："我拒绝了你，还有什么好谢的？"康明说："因为每遇到一个人拒绝，我就知道这个方法行不通，我就需要尝试下一个推销的方法，是你们给了我进步的机会，我当然要谢谢拒绝我的人了。"客户被深深打动了，当即和他签了单。

后一任领导是康明的主管，该主管和前任老总不和，因此在换届选举投票的时候，康明迫于无奈给主管投了反对票。当这位主管上台后不但没有刁难康明，反而委以重任。康明为曾经投的反对票感到不好意思，便找机会去道歉。没想到对方听后，笑笑说："只要对公司发展有利，是个人才，我为什么不重用呢？至于过去的事情，我早都忘了。"

"海纳百川，有容乃大。"只有豁达、开朗、宽容才能接受别人并被别人所理解和接受。如果你敏感多疑，计较这个，猜忌那个，总在意谁的心眼儿多、谁的脾气坏……那么如此一来，你就很难有很好的朋友，而快乐和幸运亦会离你而去。我们常说的那些有福之人，都是合群的人、谦虚的人、有度量的人，不管谁跟他在一起都会轻松舒服，不管遇到什么样的困难，只要他一开口，总有很多朋友愿意出手相助。也许你会惊讶，其实也没有什么特别，只是因为他能包容每个人的缺点和错误，对于消极的信息都会智慧地选择忘记。这样一个有雅量、有度量的人，想必人人都喜欢和他做朋友。因为这种具有积极情感的人会感受到自己存在的价值，能对自己的能力、个性、情感、长处和不足做出恰当和客观的评价，不会对自己提出苛刻的不切实际的要求，能合理地制订自己的奋斗目标和做人的原则，挖掘自身的潜能，并不回避和否认自己的缺陷，用自我的乐观情绪去感染他人并因此赢得大家的喜爱和认同。

相反，如果你带着"挑刺"的态度与人相处，就会发现生活处处都是拦路虎。道理很简单，你在嫌弃别人的同时，别人也在嫌弃你。这样不但对人际交往有害，同样会影响到我们的身体健康。科学表明，一个人如果整天想着报复他人，不懂得宽容他人，其内心往往处于紧张状态，从而使心理和生理进入恶性循环。人生百态，不可能每个人都能够顺心如意，无明火与萎靡颓废常相伴而生。而宽容是脱离烦扰、减轻心理压力的法宝，是人与人心灵相通的桥梁。要想切断痛苦的源头，唯一的办法就是学会宽容。对于别人的过失，必要的追责无可厚非，但能以博大的胸怀去宽容他人之过，自然就会得到安然、宁静、和谐与友好。所以说，宽容是人生的一座桥，将彼此间的心灵沟通。走过这座桥，生命就会多一份美好，多一份爱心，生活就会多一份温暖，多一份阳光。

在这个越来越功利的社会环境中，倘若太吝惜自己的私利而不肯为别人让步，最终会无路可走；倘若一味地逞强好胜而不肯接受别人的一丝建议，最终会陷入世俗的河流而无力向前。

做人宽容，首先要学会倾听。倾听就是在告诉对方：你是一个值得尊敬的人，我很愿意听你说话。这种对他人的尊重，会满足对方自尊心的需求，赢得对方的好感，加深彼此的感情。

其次要学会忘记。人难免做错事，无心的伤害请学会忘记，多看看别人的优点，就会让交往变得简单。

相传古代有位老禅师，一日晚间发现墙根下有一张椅子。他一看便知是寺中有人违反寺规越墙出去溜达了。老禅师移开椅子，就地而蹲。少顷，一个小和尚翻墙而入，黑暗中踩着老禅师的背脊跳进了院子。当他双脚落地时，才发觉刚才踏的不是椅子，而是自己的师父，小和尚顿时惊慌失措，张口结舌。师父平静地说："夜深天凉，出去要多穿一件衣服。"

我们可以想象听到老禅师的话后，小和尚是怎样的一种心情。小和尚并没有因为犯了寺规而被惩罚，但也就是因为如此，他的内心被深深触动，相信他再也不会犯类似的错误了。当然，他们师徒之间的关系也会因此变得更为和谐、更为融洽。

宽容是一种无声的教育，宽容是人与人之间的黏合剂。人生在世，我们就应该胸怀宽广，学会从大处着眼，不让眼前的小事来干扰我们的心智。宽容是一种智慧，来自人的理性和博爱，需要知识的储备和道德的修炼。宽容看似软弱，却蕴含着以柔克刚的坚韧。

心宽，路更宽

生活像一团乱麻，有许多解不开的小疙瘩。像学业无成、家庭变故、事业挫折、经济拮据、人际是非、命运转变，都会给人带来忧愁、苦闷、烦恼。特别是现代生活节奏越来越快，竞争越来越激烈，更容易使人产生烦闷浮躁的情绪，以至于许多人总是感叹身心苦累，感叹人生绝望。

人心就像是一扇亮堂堂的窗户，敞开的时候宽宽大大，能容纳世上任何的悲喜；如果把窗户关上，心就会变得非常狭小。

温森德是阿根廷著名的高尔夫球手，在一场比赛中他赢得了一笔可观的奖金。当他拿着支票准备回俱乐部的时候，一个年轻的女子走上来，向他哭诉，说自己的孩子得了重病，医生说如果再筹不够手术费用，孩子的命就不保了。

温森德一听，二话没说，掏出笔就在刚刚拿到的支票上飞快地签了名，然后塞给那个女子说："这是我参加比赛的奖金，祝可怜的孩子走运！"

过了几天，温森德的一个朋友问他是否遇到了一个自称孩子病得很重的女子，并且给了她一张支票？温森德点头称是，并问："你知道那个孩子的情况？他现在的病情怎么样了？"

他的朋友说："我不得不告诉你一个坏消息，那个女子是个骗子，她根本就没有结婚，更不可能有什么病得很重的孩子！你被她骗了。”

朋友以为温森德会很生气，但是他却急迫地问：“哦？你是说没有一个小孩子快要病死了？”得到确认后，他说：“谢天谢地，这真是一个好消息。”

“世上本无事，庸人自扰之”，人们都憧憬幸福与欢乐，但人生千姿百态，人有喜怒哀乐，而万事如意者世上难有。

心宽就是福，要学会知足常乐。当你平安地生活着、工作着、娱乐着的时候，请提醒自己：我正在快乐与幸福之中。并用这样的心态时时提醒自己，非分之念莫生，非礼之事莫干，非义之财莫取。

心宽了，才能保持精神的愉悦、心理的健康，才能使痛苦与压力远离，让快乐与轻松常伴；心宽了，你才不会向困难与厄运低头，才不会在泥泞荆棘中彷徨，才不会被生活的风风雨雨摧垮；心宽了，你才不会小肚鸡肠地待人，才不会为鸡毛蒜皮之事而耿耿于怀；心宽了，你就能平和豁达，坦荡磊落，从容洒脱，不刻薄，不猜疑，不气恼。

心宽体胖，心清如水，心胸坦荡，光明磊落，才能感悟幸福，生活才会越过越有滋味。把心放宽了，自然天高地阔，清风明月，那些你所追逐的幸福就会悄然而至。最真实、最持久的幸福便是平平凡凡地生活，从从容容地做人。

心宽的人眼前总是海阔天空，脚下总是平坦大道，心中总是阳光明媚。心宽的人偶有伤心、寂寞的浮云，也会很快被微风带走，微风过后留下一片光明、一丝清凉、一阵轻松。有句话说得好：“发上等愿，结中等缘，享下等福；择高处立，寻平处住，向宽处行。”这是一句经典的良言，“向宽处行”是至理，只有把心放宽，道路才不会拥挤，血脉才不会堵塞，生活才不会失意。

淡然面对流言蜚语

“人言可畏”是多少年来人们对恶语中伤发出的慨叹，这些无中生有的议论，耸人听闻的流言以及不负责的嘲讽、奚落、非难和指责，像一柄刺骨锥心的利刃严重影响到人际关系的和谐。在现今竞争激烈的社会大环境中，人们压力重重，因无法采取正确的渠道缓解压力以及受到一些不健康的现象影响，不少的人心理失衡，滋生出一些不健康的想法，他们或因固有的习惯和地位受到冲击而愠怒；或因看到他人的成绩而嫉妒；或者什么也不为，只是想看到别人摔跟头、出洋相。这些不健康的心理状态衍生出的种种流言蜚语，危害是很大的。

王月在一家国有企业的公关部任职。她工作积极努力，但得不到大家的认可，同一个部门的两个女孩总是对她有意见。有意见当面说也罢，可气人的是她们根本不当面直说，而是在背后打小报告，说她的坏话，说什么王月工作积极是在老板面前卖乖，想借此升职；王月这么拼命，最终目的是想当公司的老板娘，甚至还传出了王月跟公司老总约会的流言。

王月听到这些流言蜚语，开始的时候并不以为然，认为时间久了自然就没人再议论了，但没有想到，过了一段时间，类似这样的流言却越传越凶，对此，王月极其无奈，有时候也会找朋友抱怨。

抱怨归抱怨，但王月并没有因此与传播流言者发生冲突，而是选择了一种较为智慧的处理方式。王月开始有意无意地向同事透露她的真实生活，和闺蜜逛街了、去看电影了、参加驴友俱乐部了……慢慢地，有关于她的流言也就逐渐消散了。

谁人背后不说人，谁人不被他人说。即便是我们行得再正，再怎么注意，都免不了有人在背后议论。当流言蜚语从背后袭来时，有的人勃然大怒、拍案而起，非要和背后搞小动作的人干一仗不可；有的人畏之如虎、消极避让，用自己的退让求得他人的缄默；也有的人长吁短叹，垂头丧气，从此变得一蹶不振，失去了往日的锐气和雄心。显然，这三种态度都是不可取的。

流言蜚语是一种极普遍的社会现象，是某些人根据特定愿望散布的一种缺乏事实根据并不负任何责任的言论；具有消极的社会功能，往往会造成极坏的社会影响。

一般来说，流言蜚语有以下几个特点：

第一，有一定的针对性。

第二，是一种疑似事实信息的扩散过程，本身带有一定的模糊性。

第三，在传播过程中，不少人根据自己的愿望对这种信息进行再改造。

第四，社会功能各种各样，有的可以中伤人、打击人，严重的甚至可以置人于死地；有的甚至可以使社会秩序、国与国之间的关系变得紧张，搞得人心惶惶。

第五，以“听说”等方式进行传播。

由于嫉妒或者偏见乃至各种原因而引发的流言，从古至今屡见不鲜。只要有人群的地方，就会有闲言闲语。这也就是说，我们不能让这个世界上没有流言传播，所要做的就是如何正确对待这些流言。

首先，最好的办法就是感谢。如果没有这些流言蜚语，你怎么会看清一些人的真实面目？人活在世上，总免不了被他人议论，这都是再正常不过的事情。比如你的工作有了成绩，受到表彰和奖励，很快就会成为同事议论的中心，这并没有什么可奇怪的。要紧的是，自己不能被气势汹汹的流言吓倒，在流言面前不知所措，甚至败下阵来，那就是懦夫的行径了。

其次，好好地想一想，对那些流言进行一番分析，看看其中是不是还有一点儿合理的东西。如果真的如流言所传，那么你的确存在一定的问题，不如坦率去改正好了。但是，如果完全被流言所左右，就会把自己搞得晕头转向。同时，多想想自己应当成为一个什么样的人，而不要总是去想自己在别人眼里是什么形象。只有这样，你才能一如既往地和周围的人继续交往下去。

当然，无论是谁遇到流言的攻击，自尊心都会受到伤害，都会觉得这是一件非常痛苦的事情。在这种处境之下，有很多人控制不住想去报复那个制造流言的人，这个时候就非常关键了，上面所述的观点可以理智地提醒你：冷静，要理智地支配自己的情感，学会用宽容的态度去对待别人，包括那些制造流言的人。相信“流言止于智者”，更相信这些像飞镖一样的流言蜚语其实是在提醒你，不要再犯类似的错误。

与人为善，学会原谅

“人之初，性本善。”一句话道出了与人为善是做人的根本，也说明了友善是一种发自内心的人类的本能。人的一生难免坎坷磨难，但只要伸手相助，便能同舟共济、共渡难关，这就要靠友善来支撑。锦上添花的人未必能够成为知己，雪中送炭的人却一定能成为患难之交。一个人如果拥有友善之心，能够为别人着想，他就会得到大家的尊重，那是对一个人精神品质的最高赞誉和嘉奖。

常常听人说这样的话：“我永远也不会原谅……”何苦呢？你不原谅别人，对自己有什么好处，除了让自己常常陷入困惑和无休止的气恼中，还能有什么呢？人生本来有限，我们用来珍爱还怕来不及呢，为什么要让自己去怀恨呢？所以，敞开胸怀，原谅那些犯有过错与失误的人吧，那样也等于在原谅和宽容自己。

如果一个人心中时时怀着仇恨，这仇恨就会像传说中海格里斯遇到的仇恨袋一样，一次次地放大，一次次地膨胀，终有一天它会隐藏你内心的澄明，搅乱你稳健前进的步履。所以，请记住这个原则：我们每个人都应该本着爱与正义的原则而活着。只有这样，我们才能远离仇恨、超越仇恨。

年轻人要想有所作为，就应该将更多的时间投入到富有热情的工作当中，如果因为自己受到一点儿伤害而去长久地仇恨别人，那样做会影响自己的事业与生活。因为，心中有仇恨的人对自己的身心伤害更大，不肯原谅别人远比你所愤怒的对象伤你更深。当我们满怀仇恨的时候，我们就等于给了对方力量，你的仇恨不但会影响你的血压、食欲、睡眠，进而会影响到你的情绪，破坏你的健康和快乐，甚至扭曲你的个性和人格。

人的一生中会遇到不顺心的事，会碰到不顺眼的人，如果你不学会原谅，就会活得痛苦、活得累。我们可以把原谅理解为一种风度、一种情怀，也可以说原谅就是与人交往中的一种溶剂。原谅就像是一把伞，它会帮助你在雨季里行路。不论是对人还是对事，我们都不能太过苛求，那样只会使我们丧失自信和勇气，同时也放弃了希望与上进心，所以在生活中，我们还是要放下包袱，给心情解压，相信以后的人生还有机会。

我们生活在这个世界，人和人之间难免有碰撞、有摩擦、有矛盾，或许对方根本就是无意，或许对方有难言之隐，退一步海阔天空，不妨试着置之一笑，给别人也给自己一个机会，也许会有意想不到的收获。原谅别人需要有自我牺牲的精神，具有高远的宽阔胸怀，吃亏并不代表软弱可欺，因为原谅远远比报复要好得多。

原谅生活，因为它永远像天空一样，并不是总会纯净透明、晴空万里，它会让你欢笑，也会让你悲伤，它会让你尝遍酸甜苦辣咸。假如你不能原谅，一定会难以承受，后果是你会生活在水深火热之中，心灵受尽折磨。

原谅自己并不意味着对自己的放纵，原谅别人并不代表丢弃原则。

一位智者用过这样的比喻："假如你想提一袋垃圾给对方，那到底是谁一路上闻着垃圾的臭味？是你，不是吗？"大师还说："紧握着愤恨不放，就像是自己扛着臭垃圾，却期望熏死别人一样，这不是很可笑的吗？”

不肯原谅的结果，受伤害最大的还是我们自己。唯有宽容，才能从那些伤害你的人身上夺回属于自己的力量。

人生不需要太多的包袱

一些人常常感叹自己活得累，这其实是由于他们奢求得太多，不断地给自己增加各种负担，结果让自己疲惫不堪。如果能试着放下一些东西，他们就会发现自己会变得更快乐。

据说上帝在创造蜈蚣时，并没有为它造脚，但它可以爬得和蛇一样快。有一天，它看到羚羊、梅花鹿和其他有脚的动物都跑得比自己还快，心里很不高兴，便羡慕地说："哼！脚越多，当然跑得越快。"于是，它向上帝祷告说："上帝啊！我希望拥有比其他动物更多的脚。"上帝答应了蜈蚣的请求。他把好多好多的脚放在蜈蚣面前，任凭它自由取用。蜈蚣迫不及待地拿起这些脚，一只一只地往身体上贴，从头一直贴到尾，直到再也没有地方可贴了，它才依依不舍地停止。它心满意足地看着满身是脚的自己，心中暗暗窃喜："现在我可以像箭一样地飞出去了！"但是，等它开始要跑步时，才发觉自己完全无法控制这些脚。这些脚噼里啪啦地各走各的，它非得全神贯注才能使一大堆脚不致互相绊跌而顺利地往前走。为此，它很痛苦，但一点儿办法也没有，只能后悔当初不该奢求过多，给自己造成极大的负担。

生活的道理也是相同的，只有简单着，才能快乐着。不奢求华屋美厦，不垂涎山珍海味，不追名逐利，不扮贵人相，过一种简朴素净的生活，才能感受生活的快乐，一些外在的财富也许不如人，但内心充实富有才是真正的生活。这才是自然的生活，有劳有逸，有工作着的乐趣，也有与家人共享天伦的温馨。

有位青年背着一个大包裹千里迢迢跑来找无际大师，他说："大师，我是那样的孤独、痛苦和寂寞，长期的跋涉使我疲倦到极点；我的鞋子破了，荆棘割破双脚；手也受伤了，流血不止；嗓子因为长久的呼喊而喑哑……为什么我还不能找到心中的阳光？"

大师问："你的大包裹里装的什么？"

青年说："它对我可重要了。里面是我每一次跌倒时的痛苦，每一次受伤后的哭泣，每一次孤寂时的烦恼……靠了它，我才能走到您这儿来。"于是，无际大师带青年来到河边，他们坐船过了河。

上岸后，大师说："你扛着船赶路吧！"

"什么，扛着船赶路？"青年很惊讶，"它那么沉，我扛得动吗？"

"是的，孩子，你扛不动它。"大师微微一笑，说，"过河时，船是有用的，但过了河，我们就要放下船赶路，否则，它会变成我们的包袱。痛苦、孤独、寂寞、灾难、眼泪，这些对人生都是有用的，它能使生命得到升华，但如果须臾不忘，它就成了人生的包袱。放下它吧！孩子，生命不能太负重。"青年放下包袱，继续赶路，他发觉自己的步子轻松而愉悦，比以前快得多。

放下人生的包袱，我们才会发现生命原来不必那样沉重。

还有一个寓言故事。

铁匠打了两把宝剑。刚刚出炉时它们一模一样，又笨又钝。铁匠想把它们磨快一些。其中一把宝剑想，这些钢铁都来之不易，还是不磨为妙。它把这一想法告诉了铁匠。铁匠答应了它。铁匠去磨另一把剑，另一把没有拒绝。

经过长时间的磨砺，一把寒光闪闪的宝剑磨成了。铁匠把那两把剑挂在店铺里。

不一会儿就有顾客上门，他一眼就看上了磨好的那一把，因为它锋利、轻巧、合用。而钝的那一把，虽然钢铁多一些，重量大一些，但是无法把它当宝剑用，它充其量只是一块剑形的铁而已。

同样出自一个铁匠之手，同样的工夫打造，两把宝剑的命运却是这样天壤之别！锋利的那把又薄又轻，而另一把则又厚又重，前者是削铁如泥的利器，后者则只是一个不中用的摆设、一个包袱。

人生的道理，也与此类似。人生的目的不是面面俱到，不是多多益善，而是本着实用的原则加以选择。只有把生命中那些多余的东西完全抛弃，我们的生活才能过得轻松而潇洒。

生活对待每个人都是公平的

你是否觉得人生本应一帆风顺，那些降临在自己身上的挫折与困难都该统统消失，否则便要怨天尤人？你是否要求自己尽善尽美地完成工作，一旦稍有失误就会自我否定或是自我谴责？你是否认为众人应该友好、平等地待你，你所追求的心仪对象应该接受你，否则便会感觉沮丧或是焦虑？

生活毕竟是公平的，对谁都是一样，没有绝对的幸运儿，更没有彻底的倒霉鬼。你有这样的不幸，他还有那样的烦心事；别人有那样的好机会，你还会有这样的好运气。所以，千万别把自己说得那么悲惨，更不要把自己缠绕在自己织的网中，挣扎不出来。

丹妮的丈夫车祸去世后，她变得异常烦躁、愤怒，她抱怨生活太不公平，她害怕孤独，害怕寂寞。孀居两年，丹妮的脸总是冷冰冰的。

有一天，丹妮开着车路过拥挤的小镇，忽然见到一幢她喜欢的房子周围的围栏已经被拆了。这房子已有很多年的历史，颜色灰白，有很大的门廊。过去这房子一直隐藏在路段后面，如今马路拓宽，在街口竖起了红绿灯，小镇已颇有点城市味道，只是这座漂亮房子前的大院已被蚕食得所剩无几了，原有的围栏也被拆掉了。

院子现在变成了一块小草坪，错落有致地绽放着各种五颜六色的花朵。丹妮注意到一个系着围裙、身材瘦小的女人在侍弄鲜花，修剪草坪，神情是那样的平静、自然。

一天，丹妮在路边停下车，长久地凝视着那块草坪。草坪里美丽的花朵几乎令她流泪。她简直不忍离去，索性给车熄了火，走上前来，观看那些花朵。它们还散发着芬芳的气味。她看见那女人正开动一台割草机，修剪草坪。

“喂！”丹妮喊着，一边挥着手。

“嘿，亲爱的！”那女人站起身，在围裙上擦了擦手。

“我在看你的花儿，真是太美了。”丹妮激动地说。

“来，在门廊上坐一会儿吧，让我告诉你有关花的故事。”那女人关了割草机，朝她微笑道。

“这些花其实并不是一直就有，”那女人直率地说道，“我独自一人生活，原来院子是用围栏围起来的，因为马路拓宽，就把围栏拆除了，我就在草坪里种上各种花儿。现在有许多人到这里来，他们喜欢看真正漂亮的东西，有些人见到这花朵后便向我挥手，几个人像你一样，甚至走进来，坐在门廊上跟我聊天。”

“可院子前的路加宽后，围栏被拆了，草坪也变小了，你难道不介意吗？”

“变化是生活中的一部分，也是铸造个性的因素。亲爱的，当你不喜欢的事情发生后，你面临两个选择：要么痛苦愤懑，要么振奋进步。其实拆掉那道围栏，我在这儿种上花，因此也让我结识了很多朋友，生活不再孤独。”那女人说道。

人一辈子不可能总是春风得意、一帆风顺，肯定会有许许多多不如意的事，这时候就得想得开，安然地面对生活，多开解自己，千万别跟自己过不去。如果你想不开，吃不下，睡不着，又有什么用呢？过多的烦恼和压力只会将你的心灵挤压得支离破碎。人活在世上会遇到各种各样的事情，或喜或忧，或成功或失败，我们无从选择。我们只有调整好自己的情绪，遇到事情多往好的方面考虑。

在现代沉重的生活压力之下，我们常常听到绝望的感叹，很多人在快要撑不下去的时候，首先想到的就是放弃生活的希望。一个人活在这个世界上，没有永远一帆风顺的，总会遇到一些挫折，只有经历了这些挫折以后，才能真正地独立，才能成就自己的人生。

当困难来临的时候，不要想到逃避，只有勇敢地迎接上去，勇敢地面对、解决，才是真正的办法。遇到困难时解决困难，那才是我们成熟的表现。一味地逃避，只能把自己推向深渊，甚至毁灭。

事在人为，不要觉得没有希望了。鲁迅说过："希望是本无所谓有，无所谓无的。"也许当你真的没有希望的时候，另一个希望正在向你悄悄地走来。车到山前必有路，船到桥头自然直。幸福不是唾手可得的，需要你有坚强的意志和足够的耐心，去等待那即将到来的幸福。

人生在世，总是会遇到这样那样的困境，但是我们要学着放宽心，自动过滤掉生活中那些不必要的烦恼。如果总爱把那些微不足道的小事放在心上，只会压得自己喘不过气。在遇到困境的时候，我们更应该有一颗积极的心，只有放下这些沉重的思想包袱，轻松前行，才能在人生道路上看到更灿烂的阳光。

第五章

提升自控力，做心平气和的自己

人生在世，最难又最简单的一件事情就是管好自己。换言之，就是一个人必须具备自觉地调节和控制自我的能力。只有这样，我们才能够冷静地对待周围所发生的事情，有意识地控制自己的思想，约束自己的行为，提升自己。

“低调做人”不是喊口号

在人的一生中，能够自立根基的事不外乎两件：一件是做人，一件是做事。做人难，难于从躁动的情绪和欲望中看到其真实的心态；做事难，难在从纷乱的矛盾和利益交织中理清头绪。而最能促进自己、发展和成就自己的人，往往是那些低调的人。

在这个“秀出你自己”的高调时代，低调似乎看上去与成功相悖，可事实上是，低调往往比高调更容易获得成功。如果说，高调是高歌猛进，是大肆宣扬，是锋芒毕露，那么低调就是默默前行，是讳莫如深，是隐藏锋芒。相对于高调，低调的人有甘于寂寞的心，有清静无为的品行，低调的智慧深深地影响着人们，它的精髓已经深深地刻印在了人们的心中，最有说服力的人就是许三多。

许三多是电视连续剧《士兵突击》里面的主人公，他心地单纯、为人老实，做事常常一根筋。电视剧热播后，许三多这个角色迅速成为社会议论的焦点。很多人都非常欣赏许三多的人品：行为简单、善良诚实、做事踏实，看起来很傻，完全不懂什么是“自我”，但就是这种傻劲儿成就了他的大智慧。在人人都以自我为中心，以复杂化思维方式作为聪明表现的时代，他的“傻乎乎”反倒变成了可爱。

傻人有傻福，表现出来的傻气，其实是大智若愚。因为看起来不精明、不能干，会使其不成为焦点，不受到打击。中国人的习惯是出头椽子先烂，枪打出头鸟，傻一点儿的人，一般不张扬引人注意，也不多话暴露缺陷，静静地做，默默地努力，顺利也好，挫折也罢，似乎都在人们的视线之外，不会引起人们太大的关注。傻人往往就在不经意中慢慢地追求到自己想要的，现实中的成功者，不乏低调、默默无闻的人。

在大自然中，生长着一种蘑菇，它们在艰难的条件下生长，不被人们所关注，成长所需的水分和养料都需要它们自己去努力争取，但恰恰是这种不起眼的菌类却有着无法比拟的美味。很多年轻人的职场生涯就和这种蘑菇非常相似。他们被放在阴暗潮湿的地方（不受重视的岗位和部门），经受各种考验（忍受上司和同事的漠视、冷眼甚至蒙受不白之冤），任其自生自灭（选择咬牙坚持还是另谋高就）。那么，低调就是这个时期的职场生存法则，做个像生长在角落里的蘑菇，厚积薄发才是硬道理。

对于职场的年轻人来说，一颗浮躁的心只会让你在不同的职位、不同的企业之间来回游移，当今年轻人存在的一个共同的问题就是他们常常觉得这个工作也能做，那个工作也能做，到最后其实连最简单的事情都没有做好。低调是一种良好的心态，大度睿智的低调往往比横眉冷对的高高在上更有助于你在职场上赢得一个光明的前程。

不得不说，这是一个追求个性的时代，职场中的新锐一族最大的特点就是彰显自我风格，追求与众不同，但是你要知道，工作岗位不是表演个人秀的舞台，与其多说少做不如以谦逊的态度去虚心请教，这是让你进步的最好捷径。如果总是摆出一副“没什么大不了”“我知道的比你多”的姿态，喜欢被人奉承，或者坐享其成，即使你再优秀，能力再强，也很难得到尊重和认可。

低调不是一句口号，而是一种行动，不仅仅做事要低调，在言语上更要确保谦逊。年轻人喜欢我行我素，把性格直爽奉为做人第一准则，言语太露骨，说话不留余地往往会把自己逼到死胡同。面对赞誉恭贺，谦和有礼，多考虑别人的感受，多站在对方的角度上说话做事，才能起到一言九鼎、事半功倍的效果。要想在职场步步为营，就得把低调融入日常的工作中。

王林是一名应届大学毕业生，凭借着大学时期优异的学习成绩、丰富的实习经验，通过了某大公司一轮轮的面试，终于进入了这家他向往已久的企业。王林兴奋地感觉到自己大展拳脚的时刻到了，因为在这家公司，他看到了能够实现自己梦想的基础。入职后，王林在日常工作中表现得非常积极，恨不得把所有的才能和实力都展现出来，以求赢得上司和同事的赞赏。可部门的一次升职机会，却并不属于他。为此他很苦恼，觉得自己事事都做得尽善尽美，最后却没有得到领导的赏识和同事的认同。自那件事后，王林觉得同事们看他的目光隐含着冷嘲热讽，觉得会议上那些批评的话都是领导说给他听的。半年之后，王林从这家公司辞职了，跳槽到一家网络公司做市场销售。在新公司，王林又一次上演了前一家公司类似的故事，因行事高调，时间不长就惹来非议。现在的他每天工作都处在水深火热之中，对职场前景更是感到茫然。

很多年轻人和王林一样，都希望在一家公司、一个工作岗位上努力地把自己最优秀的一面展现出来，殊不知，太过锋芒毕露反而会给同事和领导留下不佳的印象。职场的竞争在此不用多言，如果你凡事都要争个“先手”，动不动再来个“抢跑”，很可能会使自己处于竞争中的不利地位。这是因为：过早地卷入竞争，就会过早地暴露自己的实力，同时也会显现自己的缺陷，在竞争中处于被动，甚至可能会被淘汰出局。

在漫漫人生中，一个人，如何对待自己在社会中的位置至关重要。低姿态做人，不图虚荣，沉着地行事，是一种助你深耕的力量，是一种爆发前的继续与磨砺，是一种智慧，又是一种超凡脱俗、淡泊平和的境界；低姿态做人，并非妄自菲薄，不求进取；低姿态做人，坦诚而平淡地看待自己，无人把你看成卑微、怯懦、无能。这正如炮火纷飞的战场上，战士有时匍匐前进，反而更容易接近目标。

低头有时候确实是需要一定勇气的。在人生的道路上，我们有时会迷失方向，其结果是输掉了自己。所以我们应当用平和的心态，时刻保持着生命的低姿态，这样就能避开无谓的纷争，避免意外的伤害；就能更好地保全自己，发展自己，成就自己。学习低头，学会低头，善于利用身边的一切资源，才能达到最终的目标。

与其计较和嫉妒，不如打造自身实力

一个公司的发展是靠员工的业绩来支撑的，因此，员工的工作能力与工作表现是一个企业安身立命之本。做销售的推销能力强，就可以卖出更多的产品；做人力资源的能慧眼识千里马，并且能够协调公司员工之间的关系，就能够招聘和维系更多的优秀人才；做技术开发的头脑聪明肯钻研，就能开发出更先进的技术。说到底，工作还是凭本事，靠权势、靠人际关系也许能风光一时，但终归是昙花一现，难以真正地绽放出自我的风采。

冰莹是一家大型公司的公关部经理，虽然现在的她光鲜靓丽，可当初的职场升迁之路却经历了一个曲折的过程。冰莹刚到这家公司的时候，公关部有 9 个人，而招聘最初定的只有 7 个人，这说明其中有两个人是要被淘汰出局的。加上公关部经理的位置一直是空着的，就导致了公关部内部的斗争不断升级。于是，有人公然去抢同事的客户，有人不惜挖墙脚、栽赃陷害，有人拉帮结派壮大自己的实力，只有冰莹一个人默默地做着自己分内的事。半年时间过去了，几乎公司所有的人都认定冰莹一定会被淘汰。

冰莹的心里也暗暗着急，却没有什么好的办法。有一天，一个和公司即将签约的大客户提出要到公司来看看。这个客户是一家大型合资企业，一旦和这个大客户签下长期供货合同，全公司至少半年内衣食无忧。来参观的人中有几个是日本人，并且是这次签约的决策人物，这是公司没有想到的。就在公司老总颇感为难之际，冰莹不失时机地用熟练的日语同日本客户交谈起来，给老总救了场。她凭借自己良好的日语表达能力，以及丰富的谈判技巧和对业务的深入了解，终于顺利地签下了这单。自此，她在老总心目中的分量也悄悄发生了变化。一个月后，冰莹不仅没有被辞退，还被提拔为公关部经理。

现实很残酷，不论对公司还是职场中的个人而言，都是一个严峻的考验。在社会竞争越来越激烈的今天，职场竞争归根结底就是实力的竞争。是英雄还是狗熊，最终都要靠实力来证实，其他华而不实的东西看起来很诱人，但不会对提升你的竞争力有任何帮助。

有一年，我到人才市场去招聘市场部主管，为了更好地吸引人才，我们给出了诱人的待遇。那天的招聘会上，很多年轻人带着硕士证书甚至博士证书前来面试，最后让我非常失望，因为那些应聘的人都告诉我“不想当元帅的士兵不是好士兵”之类的话。我问他们理想的工作岗位时，绝大多数人都提到了助理或者经理一职。我很纳闷：既然大家都把理想的职业目标放在管理层，那么谁来干活儿呢？最后一个学习国际贸易的本科毕业生通过了面试。他的理由很简单：他只想利用自己的专业知识为企业收集市场信息、分析商品需求动态。至于职位，他淡淡地说：“刚来，还是先让我从基层干起吧！等我有了足够的经验，具备更好的实力，能够胜任更高职位时，我想公司会适时考虑我的。”

所谓“实力”，是指有才华、有能力，在工作中表现出色，能够取得比别人更好的成绩。随着社会竞争越来越激烈，实力不再局限于具体的业务能力，而成为一个综合立体的考核。业务的实力、人际关系的实力、情商的实力等都成为职场人应具备的实力。那么，怎么来提升自己的实力呢？

职场中的生存必定绕不开“合作”两个字，无论是普通职员还是管理人员，没有别人的配合根本无法开展工作，更谈不上发展。因此，要提高个人的实力，多多关注上级、下级以及同事的感受才是职场生存的不二法门。

作为普通员工来说，要想晋升，首要的前提是具备扎实的综合能力，认认真真、兢兢业业地工作是职场生存的基础。其次，还要提升自己的实力，即抛开以自我为中心的想法，搞好上下级关系，学会换一个角度来考虑问题，善于做出适当的自我牺牲，在取得成绩之后，要懂得分享，切忌处处表现自己，以上这些都是我们在职场中应注意并做到的。

荣辱不惊，修炼淡定

没有哪个社会群体环境像职场那么等级分明，职务的不同，就意味着薪水、福利、所做的事情等都不一样。明明那人整天在公司就是闲着东逛西逛，但偏偏人家的工资比你拿的要多得多；你整天工作忙得不可开交，却依然只是拿着和公司新人一样的薪水，心里当然是不平衡的……天底下不公平的事情太多了，如果没有内心的强大淡定，那么职场对你来说只不过是一个灰色的战场，并且你注定要在那里输得一败涂地。淡定的情绪则可以让你摆脱周围环境的干扰，站在局外人的立场去看待事情，这样不但有助于你保持理智，同时可以让你在职场上少犯一些不必要的错误。

淡定代表着一种平稳、不易波动的心态，具有泰山崩于前而面不改色的镇定。大多数时候，失去或得不到会让人不那么淡定。要么华丽丽地得意，要么灰溜溜的沮丧，这些起起伏伏的事情使人产生正面或者负面的情绪波动，同时也会给工作带来或大或小的影响。那么怎样才能减少外界的影响而淡定从容呢？孟子说："行有不得，反求诸己。"意思是：事情做不成功，遇到了挫折和困难，或者人际关系处得不好，就要自我反省，一切从自己身上找原因。而我们平时的做法却往往背道而驰，有了问题，不是反躬自省，而是怨天尤人。

有一次，我去电视台找一位朋友。偌大的办公室里，电话声、敲击键盘声、同事之间窃窃私语声响成一片。我的朋友躲在一个角落里，奋笔疾书地赶着一篇通讯稿。我连着喊了她好几声，她都没有答应。我忽然想起表妹曾经的抱怨。表妹对我说她越来越厌恶办公室那个地方了，不论干什么事，干扰都很大：QQ 闪烁一下会停下工作；隔壁的同事说了某某人的八卦，她又回过头去搭讪；看到桌子上有一点儿脏又停下手头的活儿去擦桌子；刚刚进入工作状态又被上司叫去训话；训话回来心情不好，又发现自己的衣服穿得不够得体……于是一天一天的时间和精力就这样被消耗掉了。

和表妹一样的诸多工薪族都在不同程度上遇到了类似的情景，被周围的环境干扰得太厉害而不能静心去面对手头上正在进行的工作，以至于什么都做不好，让宝贵的时间在牢骚抱怨中悄然流失。

阴雨连绵下了好长时间，有的人因此闷闷不乐；有的人却说，这是大自然的交响乐，听着是多么好的享受啊。改变不了环境，但可以改变心态，通过调整自我的内心去调节周围的环境。就像我那个朋友一样，虽处在一个乱糟糟的环境中，却能快乐地、安静地专注于工作，把自己的本职工作做得更好，对同事、对上司，甚至对公司来说，就是最大的个人价值体现了。

职场中，要成为一个优秀的人不容易，没有良好的心态，职业前景就难以达到一个新高度。每个在职场中修行的人从走进职场的第一天起，就开始专心琢磨和实践，以期在职场中逐渐达到游刃有余的境界，这个美好的愿望背后所需要做出的努力就是要拥有一份内心的淡定。

心态源于人的价值观。价值观是通过教育引导与自我实践不断地发生变化的，它是发展的。如在工作中，人们常常会自问：我这样工作有意义吗？能实现我个人的需求与价值吗？我的时间花费在这项工作中有意义吗？这一系列的问题都是自我价值观的体现。一个人的心态可以通过很多途径来调节，可身处职场中，能否调整好自我，排除工作环境干扰，就成了一个长期而艰巨的工程。

现在的职场纷乱复杂，人们每天都被动地接收着大量的信息：降价、时尚、升迁、选秀、股指、成败……如果你的心不静，四处妄动，那就只能疲于奔命，追逐于虚浮的表面形式，最终一事无成。要想达到气定神闲、宠辱不惊、得之淡然、失之泰然的境界，就必须静下心来。

诸葛亮有句名言："淡泊以明志，宁静而致远。"所谓"宁静而致远"，就是要不因宠爱而忘形，不因失落而怅然，不因富贵而骄纵，不因清贫而自惭。

很多时候，我们总是觉得生活亏待了自己，所以总是对生活怀有很大的怨气。这些怨气发泄出来的时候，又会牵连到我们身边的人，于是很多无缘无故的争吵，破坏了我们生活的和谐。

琐碎的日常生活中，每天都会有很多事情发生，如果你一直沉溺在已经发生的事情中，不停地抱怨，不断地自责，这样下去，你的心境就会越来越沮丧。一个只懂得抱怨的人，注定会活在迷离混沌的状态中，看不清前头亮着一片明朗的人生天空。

职场也是一样，一个人只有默默地修炼内心的力量，冷静、理智地分析周围的荣辱得失，才能慢慢培养淡定的心态，才能在生活、工作中掌控自己的未来。

调整心态，以不变应万变

世界上没有两片完全相同的树叶，更不可能有一样的人。人生在世，因为每个人的自身条件不一样，所以每个人遇到的困难也迥然不同，当然，每个人采取的应对办法也是不相同的。但想要最终达到成功，任何人在遇到困难时，都必须会变通，这样才有助于走向成功。

萧伯纳说："明智的人使自己适应世界，而不明智的人只会坚持要世界适应自己。"

在当今这个世界，我们可以说："变通是天地间的大智慧，是才能中的才能，智慧中的智慧。"面对工作也是一样，同样要以不变应万变。变的是周遭的环境，而不变的是理想和内心。只有这样，我们才能在职场中坚定而顺利地走下去。

如今，已经是总裁助理的陈升在职场上前景一片光明，可几年前却不是这样的。大学毕业的时候，陈升最大的愿望就是能有一份稳定的工作。可工作难找，稳定的工作更难找，他的父母托人找关系好不容易才给他找到了一份还算称心的工作。可进入职场不久，陈升就感觉到了来自方方面面的压力和冲击，仅人际关系就让他焦头烂额。最让他崩溃的一次是公司的某产品做上市工作，陈升结合公司上下的决定加班加点地赶好了一份产品方案。起初大家一看都觉得不错，可在最后的三天里发生了戏剧性的变化：先是老总认为背板的颜色有点儿亮，要调得暗一点儿；然后总监说这个主题有点儿不太符合眼下的市场，需要换一下；接着主任又吹毛求疵，觉得其中的成语用得不好，要换一种表达方式；而其他的一些同事也对此有着不同的看法……一时之间，陈升觉得自己都快要崩溃了，并产生了离职的念头。

不久，陈升的公司换了新的领导班子，也改变了原有的体制，不仅加大了考核力度，还实行了残酷的内部竞争机制，他开始反思自己的人生，反思一切与理想有关的东西，发现不知从什么时候起，自己早就把理想给丢了。经过及时调整，陈升渐渐开始适应新的环境，通过不断学习开始在公司崭露头角，不久后被调到美国去开发市场。不断更新的环境让陈升意识到：追求稳定，其实更多的时候是一种自我安慰的心态，以不变应万变才是人生的大智慧。有了这一职业感悟，无论领导和同事多么挑剔，陈升都会尽职尽责地去把工作做好。因此，他为自己在职场上争取到了很好的未来。

在职场纷繁复杂的变化中，每个职场人的本能反应就是“糟糕透了”，这种被动和麻烦是因为自己欠缺应变能力。就像陈升面对修改产品方案的各方面不同意见时一样，感觉自己被否定了。根据情商专家的研究，良好的适应力及弹性是职场成功的重要情商特质。不过老实说，面对改变，人们的第一个自然反应就是抗拒。无论是谁，在职场中随时都可能遇到裁员减薪、合并重组的危机，所以你一定要做好心理准备，要知道凡事都在改变是常态，能出奇制胜的只有自己的信念，因为这个信念而产生坚定不移的心态和掌控职场环境的能力才能确保你赢得一个理想的职场未来。

达尔文说过：“幸存下来的物种，不是最强的物种，而是最聪明的物种，也就是最能够因适应变化而作调适的物种。”心理学家也一直认为：

改变是自我再造之旅，唯有通过改变，我们才得以不断进步，变新变好。

不被任何改变吓到乱了方寸的首要条件，在于做好准备。如果你平常会广泛收集及吸收各种新的信息，能充分掌握大环境改变的趋势，当改变的事实发生时，就不会措手不及了。万一发现自己的工作技能的确有需要改变之处，那就要敏捷地采取行动，否则很容易被改变所淘汰，例如自己熟悉的产品线将被取代时，千万不要坐以待毙，得赶紧行动。请记住一个理念——以未来的眼光经营现在的自己。此外，也别忘了要做好一些财务上的风险管理，适当地理财，在你面临任何变化时，有着情绪定锚的效果。即使你失去了工作，也不会因需要考虑现实的生存问题而变得不安。

只要做好应变的准备，改变就不再恼人，反而会令人兴奋，因为改变只会带来一种结果，就是自己全方位的进步。只有在行动中我们才能不断提升自己的能力，也只有行动能够让一个人更好地适应周围的环境，同时拥有更多的人生自主权。积极上进的行动给我们在职场上应对变化加了一份保险，同时还要有一个轻松掌控职场环境的心态，有了这双重保险，你才能真正地在职场上做到游刃有余。

做好点滴事，抓住机遇改变命运

无论是在职场还是生活中，处处都有机会。机会虽对于每个人来说都是十分可贵的，但不会为任何人停留，有些人善于抓住机会，他就获得了成功；而有些人在机会到来的时候，优柔寡断、思前想后，最终丧失了机会。

哈佛大学做过一项调查：人的一生平均只有7次决定人生走向的机会，两次机会间相隔约7年，大概25岁后开始出现，75岁以后就不会有什么机会了。这50年里的7次机会，第一次不易抓到，因为太年轻；最后一次也不用抓，因为年纪有些大。这样只剩下5次，这里面又有两次会不小心错过，所以只有3次机会需要你认真对待。

这并不是危言耸听，而是切切实实地告诉你，职场中的每一个可以改变你命运的机会有多么重要，当你抓住了这次机会，或许会因此而飞黄腾达；一旦失去，很可能要用几年甚至几十年的时间去等待下一次机会的来临。

和很多职场上的员工一样，美林起初也是一个不起眼的小职员，她相貌平平、能力平平、性格平平，所以进入公司一年多，几乎没有人去关注她。直到她部门的一位同事突然离职，领导才开始注意这个不起眼的“丑小鸭”。那位同事突然辞职，给公司留下了很多工作，而这些工作在短期内是不可能做完的，就在领导焦急、同事找借口推托时，美林主动对领导说：“领导，我提前做了一份，您看下行不行？”领导一看，方案做得一目了然，这才意识到自己竟然没有发现公司里有这样一位优秀的人才。是人才当然得委以重任，在领导的培养下，她的职场晋升可谓是一路绿灯，一路凯歌。美林就是这样默默积聚力量的人，因此她能发现并把握住晋升的机会。

所以，无论你是一个职场小职员还是公司管理层，都应该积极地抓住每一个可以展现才能和学习能力的机会。这些机会让你看起来显得乐于接受挑战，拥有善于学习的能力以及一般员工所不具备的勇于挑战困难的强烈欲望。这不正是上司切实需要的好员工吗？这不正是你可以步步为营获取职场大好前景的基础吗？这些大大小小的机会不仅能让你在人群中脱颖而出，还可以令你得到上司的青睐并委以重用，其诀窍就是：从小事做起积累力量。

美林当初就是这样，在她还是一个无名小卒不被人重视的时候，她就懂得抓住每个细小的机会：帮助同事悄悄地修改一个错误的数据；接受一些别人不愿意去做的脏活儿累活儿；主动要求领导多分派一些任务等。事实上，身在职场的你要得以更好地发展，也应像美林一样从身边的小事做起。在做这一切的时候，你先不要去想会因此而获得晋升，而是要把这些看作一个良好的学习和成长的机会，这对一个职场人来说是最重要的事，也是最健康的心态。只有这样，你才会主动去接受那些没人愿意接的棘手工作，并积极乐观地去完成，要知道这样做的时候，你不但可以避免和同事之间的激烈冲突，同时还可以因此得到领导的青睐。

要抓住每个机会还要给自己制订一个详细的职场计划，预计在几年内，你都要做什么，需要怎么去做，怎样才能完成这个计划，都要心里有底。密切地关注工作的截止期限，并且在适当的时候制造机会，这需要你在平时的工作中多去学习如何制订计划、执行计划、完成计划，以及对突发事件和意外事件的处理办法。如果平时没有积极地为自己争取机会锻炼，当所有事情劈头盖脸冲你而来时，恐怕你已毫无招架之力了，那些所谓的职场计划也只能成为一个个泡影了。

现在有些职场人，有好高骛远、眼高手低的特点，尽管脑子灵活、创意多变，但不能务实的心态是他们的职场致命伤。要想在职场有所作为，就一定要放下架子，从每件小事做起，当你的身边有类似主持会议或者和你工作相关的机会时，一定不要不屑一顾，更不要小看它可能会为你带来的改变。因为只有这样，你才能为自己快速地积累丰富的工作经验和相关知识，才能提升你在公司的存在价值，而这些恰好就是你未来职场的最有效积累。

挫折与失败是人生不可或缺的财富

阿尔伯特·格里是一名成功的保险推销商，他以前一直认为：要想获得成功一定要有高深的学问，但通过长期的观察，他发现许多有高深学问或埋头苦干的人并没有获得成功，他开始觉得学问和努力并不能保证一定会成功。

有一次，他向一位中年女士推销保险，他还没有来得及开口，中年女士就嘭的一声关上门。格里没有就此放弃，虽然他已经听说这位夫人脾气暴躁、为人刁钻，是个令许多推销员头疼的人物，但格里还是尽可能地向人们打听有关她的事情，希望能从中找到突破口。

一天，下着大雨，格里又驱车拐到那位夫人住的那条街上。远远的，他看到她冒雨往家赶，手里还拎着许多东西。格里就主动招呼她上车，把她送回家中，这次他没有说任何与保险有关的事。过了几天，他又去看望那位夫人，并给她的小女儿带去了糖果，他还是没有提保险的事。一个月过去了，当他又去拜访那位夫人时，她对他说："格里先生，您是个好人，我想我应该相信您，其实我也考虑过关于保险的事……"

成功与失败往往只有一步之遥，有人常常抱怨我们生活的世界太不公平了，成功的人愈加成功，失败的人永无出头之日。其实，格里后来也说，他并没有想到一定会推销出去这份保险，但转念一想，交一位朋友，给自己争取一个潜在客户不是也很好吗？正是因为这个信念让格里取得了成功。

在遇到困难的时候，大部分人可能会一次两次去克服困难，但是屡次遇到挫折，以及对挫折的厌倦会使他们认为一切都不可能。于是，他们放弃了希望和努力，转而去从事那些不适合自己、也不喜欢的事情，勉勉强强地做下去，浑浑噩噩地工作着。这样的人生岂不可惜？这样的员工又怎能成为深受职场欢迎的高素质员工？因此，高素质的员工需要具备长久战胜挫折的信心和魄力。

哈佛大学做过一项非常有影响力的实验，对一群智力、环境、学历差不多的年轻人进行长期跟踪调查，在调查的人员当中 3% 的人有清晰且长期的目标，10% 的人有清晰的短期目标，60% 的人有不清晰的短期目标，27% 的人没有目标。25 年后，3% 的人成了社会上备受关注的顶尖成功人士，10% 的人成了社会的中层，比如医生、律师、工程师、高级主管等，而没有清晰的短期目标的 60% 的人过的是很平庸的生活，27% 的人处于社会的最底层。调查结果显示，25 年之后出现了明显的社会分层，最上层的 3% 的人活得最轻松。这项研究印证了一句话："一心向着自己目标前进的人，全世界都会为他让路。"这其中的秘诀就是坚持，就是坚忍不拔的意志。

一件事情坚持做一个月容易，坚持做几年也不难，难的是数十年如一日地坚持下去。但凡那些成就卓越的人都是用毕生的精力去做那件被他称为目标的事情。一样的道理，很多年轻人在当初都是抱着自主创业的信念打拼的，正是因为如此，他们才会全力以赴地去做，即使失败了，他也能咬紧牙关挺过来取得人生的辉煌。

冰心老人在自己 80 岁生日的时候算过一笔账，她是这样计算自己这

80年时光的：

80×365=29200；

29200×24=700800；

700800×60=42048000；

42048000×60=2522880000

人的一生如果能活80岁，就由这十位数的秒组成。在这样的时间序列中，如果你的目标是清晰的，如果你能坚持，那么一定会取得成功。

这个世界上存在的诱惑和打击太多，面对众多的压力，职场中的你怎样坚定自己的信念、矢志不渝地走自己制定的路线呢？管理好情绪，铸造坚忍不拔的意志，就是你迈向成功的第一步。

许多职场中的人并没有意识到那些整天漂浮在脑海里的、所有负面的、干扰性的、不利的无关想法是没有办法控制的。事实上，如果你不去控制自己的思想态度，那么外界的因素就会控制你，而且会使你变得浮躁，这便是心理脆弱的一个表征。换句话说，心理脆弱的职场人很难同时具备坚忍不拔的毅力。

当你陷入对某些事情的思索时，首先问问你自己，你究竟想达到一个什么样的目的。比如，领导交给你一个在你看来根本不可能完成的任务或者将你调到一个偏僻的地区去开发市场。新产品、新市场、新的矛盾和问题，你即将面临的不是一两个难题，而是一系列的烦恼。那么在面对这个任务的时候，你首先要问自己：通过这个项目你想达到一个什么样的目的？你只是想维持这份工作求得一份收入，还是想通过这个任务来提升自己，又或者想通过这个任务来为自己的创业打下基础……这些无一例外都是你的目的，如何以最理想的方式去实现，才是成败的关键。无论你是想保住这个饭碗，还是打算创业，完成这些任务都成为你必须面对的现实。

接下来，你要学会在压力中工作。身处于问题和压力当中，并从这些因素中获取力量是最能够培养出坚韧心理的，这个过程被称为“铸钢”。心理“铸钢”的一个很重要的因素是不把一次失败的行为作为整个自我价值的最终评价。心理软弱的人常常觉得检讨自己的失误是相当痛苦的事情，因为任何一种失败对于他们的自我评价都有着极大的负面影响，所以他们无法从自己的失败当中吸取教训。因此，他们对与之相关的一切负面信息都非常抵触，缺乏正确的客观判断。有人说：“一旦你吸取了失败中所有好的方面，便可以忘记这个失败并迈向下一个机会。”因此，每位职场人士都应该努力培养坚忍不拔的意志。当我们具备了这种意志，面对困难不退却，面对失败不气馁，便可一步步走向成功。

耐得住寂寞方得始终

把工作做到出色，实现利润最大化，看起来受益的是公司，但是从根本上来说，将每件事情都做到出色，最大的受益者其实是我们自己。为了能够在职场上有一个大好的前景，你就需要好好地对抗那些负面情绪，将讨厌上班、马虎工作、应付差事等一切负面的心态全部消除。要知道，日复一日的工作最折磨人也最磨砺人，对一部分人来说，工作是消磨青春的罪魁祸首，但对另一部分人来说，日复一日的积累恰好成全了日后的辉煌。

职场从来都是伴随着痛苦和寂寞的，在你成功之前，你一个人踟蹰前行，没有鲜花，没有掌声，没有赞美，甚至会因为你的一个错误引来更多的嘲笑和打击，没有人会把目光多停留在你身上一秒钟，并且日复一日地继续下去。然而，有些人将这些寂寞的日子当成了储蓄，并以积少成多的意志换来了更多的经验和财富，他们无疑是职场和人生中的成功者。

幼儿园里，老师对小朋友说："老师这里有一盒糖，非常非常好吃的糖哦。一会儿老师会给每个小朋友都发一颗，如果你当时就吃了的话，那你就只能吃一颗糖了；如果你 20 分钟后再吃的话，老师还会再给你一颗好吃的糖。"所有的家长不明所以。老师发完了糖以后，除了 4 个小朋友没有立刻吃掉，其他的小朋友都迫不及待地吃掉了，他们一边吃一边向没有吃糖的小朋友炫耀，神情非常得意。20分钟后，4个没有吃糖的小朋友又得到了老师发的另一颗糖，每个人拿着两颗糖欢呼雀跃起来。

后来老师点破玄机，告诉家长，这是为了培养孩子耐心的一种训练。那些能够为了获得更多糖果而等待20分钟的孩子更有耐心，也更容易获得成功。而那些迫不及待就吃掉糖果的孩子则容易成为经不起打击的人，他们往往屈从压力并且逃避困难和挑战。说到底，糖果其实是一种诱惑，能够守住寂寞和孤独、耐心等待的人往往能够很好地抵御诱惑，他们对目标的渴望更加强烈，也更加坚定。

职场中，越来越多的年轻人面对喧嚣的都市生活心浮气躁，他们大都好高骛远、急功近利，想一口吃成个胖子，工作中大事拿不起，小事看不上，不能安于生活的平淡和寂寞，他们更相信机会主义，想立竿见影地得到回报，总是静不下心来。有时折腾了好几年，多换了几份工作、几个岗位，到头来只是多了一些奔波疲惫，一无所获。有案例研究指出，半数以上的职场新人不能适应环境，频频跳槽，主要的原因之一就是心态不稳、心浮气躁、急于求成。

因此，耐得住寂寞是步入职场需要上的第一堂课。必须沉得住气，尤其是在打基础的关键时期，要循序渐进地做事，凡事不可浮躁，不可贪大，更不可急于求成。在工作中，从每件事的每个细节部分做起，不挑剔不抱怨，踏踏实实、认认真真地做好，这样才能积累宝贵的经验，才能为自己赢得更好的未来。

记得上中学时的作文课，有一个题目是看图说话。画的是一个人在掘井，四幅画中井的深度一幅比一幅深。老师让大家发挥想象力去写，有人认为这表达了成功需要坚持，有人认为这表达了成功需要耐得住寂寞。实际上，工作和掘井一样，如果不能坚持，耐不住寂寞就无法得到喷涌的泉水。而职位的晋升、经验的积累、丰厚的薪水都是靠着职场人一步一个脚印稳扎稳打实现的。

没有谁会一直成为职场中的佼佼者，除非他有一颗耐得住寂寞的心，并且能够持之以恒地踏实认真工作，即使你不够聪明，也会拥有一个美好的未来。

摆正心态是战胜困难的法宝

被上司批评几乎是每一个职场人都经历过的事情，有时候因为自己的过错被上司恶狠狠地训斥一顿，有时候因为上司心情不好恰好撞在枪口上……总之，挨批在职场上是一件再正常不过的事。可怎么对待，对大多数人来说就成了一件大事。有不少人因为上司的一次狠批而愤然离职，也有不少人因此而长了见识，还有的人因此改变了工作态度。总之，同样的事情，不同的人有不同的看法和心态。

下面来模拟一个情形，给大家几种选择，并且逐一分析其中的对与错：

某公司，总经理办公室有3个秘书：主任老刘、于雪和小王。这天上午，于雪有事外出。市场部有人来电话让小王过去取份材料，她刚走，总经理就来电话，让老刘把去年的工作总结送过去。负责文件收发的是小王，老刘一时联系不上她，他左翻右翻也没找到去年的工作总结，于是，不耐烦的总经理在电话里大发雷霆："怎么搞的？连份总结也找不到，你这个主任一天到晚在干些什么！"老刘很沮丧，只好等小王回来。小王刚进门，老刘就把胸中的怒气全部撒到小王头上："你干什么去了？一天到晚不在办公室，要你们这些饭桶有什么用！"小王想说明情况，可是老刘连解释的时间都不给她，吼道："废物！饭桶！干得了就干，干不了就滚！"小王怎么受得了这样的委屈，泪流满面地冲出办公室，只剩下老刘一个人抽闷烟。这时，于雪回来了。假如你是于雪，当你得知了事情的来龙去脉后，你会采取什么方法处理这件事情？

A. 对主任说："小王经常犯这种毛病，存完文件不说一声，我都说过她好几次了！"

B. 赶紧找出文件递给老刘。

C. 安慰老刘："老总这些天不知道怎么回事，脾气大得吓人，一点火就着！"

D. 赶紧找出文件给老总送去。

E. 安慰老刘："头儿，实在不好意思，我要是早点儿回来就好了。"

当然，其中每种方法都会有人去做，但最理想的方法是 D。选 A 肯定不合适，虽然这么说可能会让老刘得到些安慰，但结果也会让老刘的火气更大，更何况在背后批评同事本身就是一种不太合适的做法。选 B 虽然表现出秘书的主动性，但并没有把问题解决。让老刘给老总送去吗？显然老刘不太想去，因为他怕老总怒气未消，再把他臭骂一顿。选 C 更不对，因为无论在什么情况下，下属都不应该批评自己的上司。选 E 也不合适，尽管你把过错揽到自己身上，想替老刘承担责任，以此缓和一下气氛，但并没有真正解决问题。选 D 之所以比较合适，是因为于雪巧妙地给了老刘一个体面的下台阶的机会。自己给老总送去，即便老总火气再大，也不可能迁怒于人。这样，这件事也就到此为止了。从这个案例得出的结论是，作为一位优秀的员工，应该时时处处都高情商处事。

无论上司能力如何，他既然是你的上司，就应该得到你的信赖和尊重，换位思考，你就会更加能够理解和体谅上司的批评行为。如果这个时候你不服气、发牢骚，这种负面效应很可能将你和上司的关系拉得越来越远。如果这个时候上司的批评正好是对事不对人的忠告和鼓励，那么你的行为会让他非常失望。要知道，正是因为他看重你这个员工，才会注意到你的错误，才会对你的不足之处予以指正，这样做的目的是希望你更加优秀。

一位优秀的员工一定是懂得控制自己情绪的人，他能够理智地面对是非对错，即使上司做错了，也会将那顿骂当作一场暴风雨，风暴过后自然会平静，你不会损失什么，又何必针锋相对呢？

事实上，职场上的批评大都是因为失误而起，大多数时候也是对事不对人，因此，你事后改正错误就可以，不必把那顿批评看得太严重。你要知道，上司的本意是希望通过一次责备让你充分意识到自己的过错，避免下次再犯。如果认识不到这一点，或者从此一蹶不振，那么就会对你和工作产生消极影响。

众所周知，乌龟在遭受到外力干扰或进攻时，便把头脚缩进壳里，从不反击，直到外力消失之后，它认为安全了，才把头脚伸出来。面对正处在气头上的上司，你也可以像乌龟一样，缩起自己的不满和冲动，直到上司的一顿批评结束。这或许显得有点儿懦弱可笑，但是从摆正心态的角度理解却是聪明和正确的。

成功永远属于持之以恒、目标明确的人

古训说："欲得其中，必求其上；欲得其上，必求上上。"迈向成功的第一步，要有一个每天为之奋斗的人生目标。生活中许多人每天都埋头苦干，却不知为何忙碌，到头来发现追求成功的阶梯搭错了边，为时已晚。就像我的一位朋友说的，当初是为了准备开自己的快餐店才去肯德基积累经验的，谁知道几年下来，不但没有了创业的心思，反倒成了一个上了发条的打工仔。因此，我们务必掌握真正的目标，并拟定实现目标的过程，凝聚继续向前的力量。

生活中，我们常常听到这样口头禅式的目标：找一份好工作，成为有钱人，有一个幸福的家庭，平平淡淡过一生等。这都是一些想法，而不是真正的目标，它们的共同特点就是模糊，没有量化。

目标必须是长期的、明确的。没有长期的目标，你就可能会被短期的种种挫折击倒。理由很简单，没人能像你一样关心自己的成功。你可能偶尔会觉得有人阻碍了你的道路，但实际上阻碍你前进道路的人就是你自己。其他人可以使你暂时停止，而你是唯一能让自己永远前行的人。如果你没有明晰的目标，家庭问题、疾病、车祸及其他你无法控制的种种情况，都可能成为你前进道路上的重大阻碍。

著名经济学家张五常有过类似的经历。张五常小时候非常喜欢打乒乓

球，自以为有这方面的天分。有一次，他碰到了一个小孩子，对方虽是初学，而且个子矮得只能踮着脚尖拍球，但是拍得啪啪直响。张五常便走上前去，教他打乒乓球。谁知这个小孩一教就会，不教的也会，不到两个月，张五常就发现自己已经不是他的对手了，而且往往输得莫名其妙。由此，他意识到自己在打乒乓球方面并没有什么天分，转而投身其他领域，最终在经济研究方面取得了令人瞩目的成就。而那个小孩子，就是后来的世界冠军容国团。

后来，张五常离开香港去北美发展，临行前容国团教了他几手发球的绝活儿。第二年，他就在加拿大拿了个单打冠军。后来，他在美国加州大学与一位教授打赌：谁在乒乓球桌上赢了对方，谁的经济学水平就更高一筹。结果，那位颇有把握的教授一连输了10局！他吃惊地说："你怎么不去打乒乓球呢？你可以去争取世界冠军的。"张五常笑着说："我怎么打得过容国团呢？"

张五常为什么不去当乒乓球运动员？很显然，他知道打乒乓球并不一定能成为该领域的佼佼者。同样的道理，虽然很多目标看上去很令人激动，但是并不一定适合你。因此，正确的目标必须是结合自己实际情况的，而不是盲目自大。一个不正确的目标不但不能实现你的人生价值，更可能会使你掉进命运的深渊。

生活中，很多人都知道天道酬勤、勤能补拙的道理，这话不假，但是我们不禁要问：与其用勤补拙，为什么不把精力用在你原本就很擅长的方面呢？更何况，有些拙并不是一味地下苦功就能补上的，有些事并不是只有勇气和魄力就能改变的。所以，我们在设定目标时，要结合自身条件、外部环境等客观因素，切实考虑目标的可操作性。谁不想"乘长风破万里浪"？可是如果没有一定的航海知识，那么远大的目标就有可能会让你葬身海底。

优秀的猎人都是在群鸟之中选择一只瞄准，伺机开枪才能捕获猎物；优秀的企业家都是从一开始就树立一个创业的目标，并且在那个行业里一扎根就是数年。而那些没有特定目标，或者目标不单一、不清晰的人终日忙碌着，最终都碌碌无为。不管你能力何其卓越，如果无法管理它，将它聚集在特定的目标上，并且一直保持应有的热情，那么你永远无法取得成就。

西方有一句谚语："对于一艘没有航向的船来说，任何方向的风都是没有意义的。"人生没有目标，就像是箭没有靶子。虽然随着时间和境遇的变化，每个人可能还需要对目标做一些调整，但是绝不可以一直没有目标，更不能目标不确定、不清晰。

大千世界，芸芸众生，各人有各人的活法，你不能强求每个人都志存高远。进退沉浮皆人生，喜怒哀乐乃生活。我们不能用唯一的效益坐标来评判人生的状况——前进为正，后退为负，上升为优，下沉为劣。其实，人生远比这个坐标复杂，进退沉浮所涵盖的人生也远不是正负优劣的单一。人生应该是丰富多彩的，正是因为人生的多元，我们这个地球才充满了无穷无尽的生机与魅力。我们不能把人生都变成一种期待回报的付出，变成目标实现的成本，变成达成目标之后在硬盘上可以删除的"安装"文件。我们要把人生变成富有人性化的、充满情趣的、蓝天白云般的生命旅程。

每个人都应该有一个能够让自己信服且为之奋斗的目标，这个目标并不一定是一个确定的值，而是自己设定的在将来的某个时间点要达到的职业成就及社会阶层。

当你明确了自己的人生目标，你要懂得将它分解，这样，你就不需要天天想着那个离你遥远的总目标而沮丧，而只是想着现在离你最近的那个目标，就像游戏过关一样，一关一关地过了，随着时间的推移，一定能实现你的人生目标。

第六章

淡定面对情绪负能量，给你的心情『排排毒』

淡定是一种心态，更是我们必修的人生智慧；淡定是一种修养，更是指引我们找到幸福的终极秘诀；淡定是一种境界，更是一种改变我们人生的力量。

不要长时间沉溺在负面情绪里

负面情绪对人的身心健康会造成不同程度的伤害。生活中，茶余饭后的聊天中，常常可以听见一些人牢骚满腹。他们往往都认为自己是世界上最委屈的一个，他们抱怨工作职位低，赚钱少，老板苛刻；抱怨老婆丑、不温柔……总之，生活中一切不合他们意的地方都要发一通牢骚，以泄情绪。

人总会有灰心气馁、不满意的时候，此时发点儿牢骚倒也未尝不可，但如果整天牢骚满腹，不论大事小事，好事坏事，只要不合我意就怨天尤人，就未免有点儿不正常了。

有这样一个故事：

相传，有个寺院的住持，给寺院里立下了一个特别的规矩：每到年底，寺院里的和尚都要面对住持说两个字。第一年年底，住持问新和尚心里最想说什么，新和尚说："床硬。"第二年年底，住持又问他心里最想说什么，他回答说："食劣。"第三年年底，他没等住持问便说："告辞。"

住持望着新和尚的背影自言自语地说："心中有魔，难成正果，可惜！可惜！"

新和尚对待世事持一种消极的心态，所以才不能安于现状，一味抱怨。而他的抱怨，也让他失去了修成正果的机会。

牢骚也好，抱怨也罢，都是因为心态不对，看问题的角度不对，如果能够以积极的心态，换个角度，相信人的心情会一下子好起来。事物在一个人心中的好坏，取决于此人的心态，而不是事物本身，正所谓“以我观物，故物皆着我之色彩”。牢骚满腹者，不妨转换一下心情，让乐观主宰自己，心情肯定会一下子好起来。下面这个故事讲的正是这样的道理：

中国有一位著名的国画画家俞仲林擅长画牡丹。

有一次，有人慕名买了一幅他亲手所绘的牡丹，回去以后，高兴地挂在客厅里。

此人的一位朋友看到了，大呼不吉利，因为这朵牡丹没有画完全，缺了一部分，而牡丹代表富贵，缺了一角，岂不是“富贵不全”吗？

此人一看也大为吃惊，认为牡丹缺了一边总是不妥，拿回去预备请俞仲林重画一幅。俞仲林听了他的理由，灵机一动，告诉买主，既然牡丹代表富贵，那么缺一边，不就是富贵无边吗？

那人听了他的解释，觉得有理，高高兴兴地捧着画回去了。

同一幅画，因为心态不同，便产生了不同的看法。所以，凡事都应持一种积极的心态，往好处想，不要看什么都不顺眼，这样就会少些烦恼、痛苦、牢骚，多些欢乐、平安。

现实就是如此，我们必须坦然面对，不能只知发牢骚，否则会错过人生中很多机会。

我们都知道，有的人性格温和，有的人脾气暴躁，有的人冲动，有的人冷静，人与人之间有很大的差异。人的情绪好比是一座水库，负面情绪出现时便会存放在水库中，如果负面情绪越积越多，超过警戒线时，表现出来的就是烦躁，并很容易发脾气。如果一直恶化下去，那么人的身体机能也会出现问题，而懂得控制自己情绪的人，能够在负面情绪出现的时候，及时疏导，转移注意力，或者倾诉发泄，或者自我寻找一些安慰，以此来强大自己的内心，消除负面情绪的干扰。

人必须学会消除生活中这些负面的声音，只有这样，生活才能纯粹，心灵才会强大，人生的目标才不会偏离甚至脱轨。

曾经有一个经典的心理学实验，让受试者叼着铅笔看动画片，并对动画片的有趣程度打分。一组受试者用门牙咬着铅笔，这样脸上表现出的是微笑的表情；另一组用嘴唇叼着铅笔，笔不能碰着牙，这样表现出来的是比较严肃的表情。结果，被铅笔“强制”摆出微笑表情的受试者，比起另一组严肃表情的受试者来，觉得动画片更有趣。这意味着，我们不但能从别人的表情中看出情绪，而且当我们自己带有情绪时，可能更容易理解外界类似的情绪信息。

所以，如果想让耳朵听不见“杂音”，就要学着修炼强大的内心。

首先，要克制自己。

当听到有关自己的流言蜚语时，一个人必定会产生一系列强烈的情绪反应，而在这种情绪的影响下会做出一些错误的决定，带来不好的结果。因此，要尽量避免在这时马上采取行动，应该等心里的“风暴”过去以后，再做下一步打算，不加理会的流言蜚语很快就会平息。

其次，宣泄由于“杂音”引起的负面情绪。

宣泄负面情绪有两类方式：一类是听其自然，一类是自我控制。听其自然的方式包括用眼泪来疏泄，或独自在心里进行对话，求得疏导。自我控制的方式是运用自制力转移负面情绪，如听音乐、看电影、郊游、画画等，通过这些活动，就能恢复心理平衡。

最后，要学会容忍。

对于那些无关紧要的流言蜚语，要采取容忍的态度，不理不睬。容忍为澄清事实真相提供了时间和机会，容忍的效果往往超过消极与愤怒。

一般说来，当你提升到某一重要位置时，当你一夜之间成为名流时，当你触犯了某些人的根本利益时，你都可能成为流言蜚语攻击的“靶子”。此时此刻，你是冷静处理，还是暴躁应对，都事关重大。强大的内心会让你谨慎地分析周围情况，清除耳边那些“杂音”，从而做出正确的判断和决策，这无疑对一个人的未来十分有益。所以，我们在遇到问题、困难、挫折时，若能放平心态，以一颗平常心去面对生活中的所有问题，那么世界就会变得无限宽广了。

培养自己善于发现生活中的美

有很多人在抱怨，现今社会人的物质生活丰富了，可幸福感却降低了。出现这种情况，是因为人们都把视线投向了眼花缭乱的物质世界，追求享受，而忽略了审美心智的追求。没有一双善于发现美的眼睛，是现代人情绪烦躁的重要原因之一。有很大一部分人对事物很容易产生不满的情绪，只注意事物的阴暗面，却忽视了阳光灿烂的一面，觉得自己拥有的一切都是理所当然的，而对于不曾拥有或者失去的事物就抱怨。要知道，拥有一双寻找美好事物的眼睛本身就会比其他人活得轻松快乐。情绪积极乐观，幸福指数增加，心理也会更加健康。

当然，人们善于发现美的能力不是天生的，而是后天培养的，少一分埋怨，多一分宽容，这是善于发现美的前提。把那些不美好的事情缩小化看待，把那些美好的事物用放大镜来看，你就会觉得这个世界其实真的很美，而你身处在这个美好的世界里，心情自然愉悦，身体自然健康，体会到的将是无比的快乐和幸福。

世界不缺少美，只缺少发现美的眼睛。的确如此，生活中需要自己去寻找快乐，快乐就会多起来，只是有些人的视线往往会被那些不美好的事物所影响，情绪因此而低落，整日唉声叹气、焦灼疑虑，久而久之，身体健康也受到了影响。

就像有些人看到有人在马路上吐了一口痰，马上就认为世风日下，民众素质如此低下，搞得自己郁郁寡欢，甚至这种负面情绪还会影响到家人和朋友。事实上，在那些不文明的人旁边，你还可以看到志愿者在引导行人过马路，看到民警在帮助司机指路，看到路边花坛的鲜花开得正艳，甚至抬起头，天气晴好，阳光灿烂，有小鸟飞过，有白云飘过，有树的影子在地上摇曳……

不仅如此，美有表面的，也有深层次的。五彩缤纷的鲜花是美，浓郁醉人的香气是美，酸甜苦辣的味道是美，同时那些感人肺腑、触动心灵的文艺作品也是美。一幅意境悠远的画、一部生动感人的电视剧、一片自然界的风景，甚至一个极富含义的艺术品都是美的。美无处不在，只要你善于发现，就能够体察到其中的美好和意境。在欣赏美的时候，你无不是放松了每一根神经，情绪高昂激动，心情欢快舒畅，这种身心的愉悦带给你的是持久的享受和美好。

在我练习太极拳的那段时间里，认识了很多老年人。他们年轻的时候从事各行各业，退休在家后，开始养花养草，到处旅行，写写字，打打拳，有的去做志愿者，有的开办培训班，大家都在积极地为社会多做贡献。

其中有一位阿姨，六十多岁，离过婚，有一个儿子在美国安家落户，常年只有她一个人。有很长一段时间，阿姨非常敏感，觉得周围的人不管说什么做什么都是针对她。有邻居夸奖自己的儿女孝顺，阿姨认为那是在嘲笑她的儿子不在身边，笑话她孤苦伶仃。有人逢年过节给她送好吃的，她认为大家可怜她，有人建议她一起去逛庙会、看话剧，她认为大家看穿了她的孤独寂寞，就这样，她的抵触情绪让周围的人也变得无所适从，时间一长，大家慢慢就疏远她了。她把自己关在家里，谁也不见，谁也不理，心里的压抑无处诉说，纵然外面春暖花开，她也无心观赏。

直到去年的一天，她半夜心脏病发作，邻居破门而入把她送到医院抢救，这才算躲过了一劫。从那以后，她被人与人之间的热心和关怀所打动，开始和大家来往。这不，夏天的时候，她也和大家一起在广场上练习太极拳，还主动教大家跳扇子舞。虽然她的身体还是很虚弱，可脸上洋溢的笑容告诉大家，她现在很幸福。

调节情绪是一门艺术，谁都不可能一直保持好情绪，当你有坏情绪时，就要用合理的方式来调节，最有效的方法就是发现美。听一段音乐、到公园里散步、找要好的朋友倾诉或者读书等，在体会和发现美的过程中，那些糟糕的情绪得以逐渐转移，随之受到环境和氛围的感染，好情绪慢慢产生，人的心情也会变得愉悦起来。

著名表演艺术家、相声大师马季在母亲刚刚去世时，还没来得及办理丧事，就被邀请赴外地表演相声。原本他的心情非常糟糕，情绪很是低落，周围的人都替他担心。可当他在幕后看到台下观众期待的眼神和工作人员忙前忙后为他准备道具时，他忽然被感动了，发现了艺术的美和被需要的美。他克制自己的情绪，走上舞台，“笑星”本色依旧，不知情的观众笑声不断。但是，马季一走下舞台，马上哭得特别伤心。人非草木，孰能无情？但在马季看来，演员一旦走进剧场，就属于观众，属于艺术。

大量的事实表明，负面情绪会影响人的工作和生活。面对板着面孔的人，他人必然会感到压抑与沉闷，这会直接影响到人际关系和工作效果。“爱笑的人大家都喜欢”，确实，微笑是世界通用的最美丽的无声语言，微笑也是一个人最美的表情。无论是你自己微笑，还是发现别人微笑，都是快乐情绪的表达。带着微笑去发现和体察周围的美，你就会发现，美同时也在以同样的方式馈赠予你。

语言的伤害比刀割更痛

人的嘴巴有两个功能，一个是吃饭，一个是说话。

人的交际语言也有两种，一种是该说的话，另一种是不该说的话。

什么是该说的话，什么是不该说的话，看看苏格拉底的故事你就知道了。

有一次，苏格拉底的一位学生匆匆忙忙地跑来找苏格拉底，气喘吁吁兴奋地说：“告诉您一件事，您绝对想不到的……”

“等一下！”苏格拉底毫不留情地制止了他，“你告诉我的话，事先经过三次筛选了吗？”

他的学生不解地摇摇头。

苏格拉底继续说：“不论何时，你要告诉别人的事情都要经过三个‘筛子’的筛选。第一个筛子叫真实，你要告诉别人的事是真实的吗？”

“我是从街上听来的，大家都这么说，我也不知道是不是真的。”

“那你就应该用第二个筛子去检查，如果不是真的，至少应该是善意的，你要告诉我的事是善意的吗？”

“不，正好相反。”他的学生羞愧地低下头来。

苏格拉底继续说：“那么我们再用第三个筛子检查看看，你这么着急要告诉我的事，是很重要吗？”

“并不很重要……”

苏格拉底打断他的话：“既然这个消息不重要，又不是出于善意，你更不知道它是真是假，你又何必要说呢，说出来只会增加我们两人的困扰罢了。”

那些重要的、善意的、真实的说出来是中听的，传达给别人的信息是正面的，带给人的是激动、善意的情绪和心情，而那些不重要的、恶意的、道听途说的话带给人的是消沉、愤怒、悲伤等负面情绪，并且这些负面情绪还会导致听者更糟糕的结局。

人都是情绪的动物，而人的好情绪和坏情绪在很大程度上都来自和别人的对话。有的人爱说话，把说话当成发泄，郁闷了说、痛苦了说、气愤了说、开心了说、有好事了说、有坏事了还是说。不说话他就憋得慌，对不少人来说不让他讲话绝对是一件无法忍受的事。这类人爱啰唆、爱唠叨、爱传话，有人曾经夸张地形容如果你想传播一件事情，告诉一个爱说话的人比告诉记者传播的速度还快。指望他们守住秘密，那实在是天大的难事，有时候他们连自己的秘密都守不住，更别指望能替他人保守秘密了。

当遇到一件事的时候，说该说的话和说不该说的话会产生两个截然不同的结果。

叶玲珑是一家公司的总裁助理。有一次她因为工作失误被老总狠狠地批了一顿，她的心情很不好。下班后，阴沉着脸带着糟糕透了的心情去幼儿园接孩子，孩子看到她的脸色，吓得一句话都不敢说。乘坐公车的时候，司机在关车门的时候不小心将叶玲珑的胳膊夹了，疼倒也不很疼，但是叶玲珑积郁了一天的怨气朝着司机就是一通撒，司机也是嘴不饶人，两个人发生了激烈的口角，甚至发生了肢体碰撞，差点就去附近的派出所了。回家的路上，孩子走不动了，要妈妈抱。叶玲珑瞪着眼睛看孩子，生气地吼道：“抱什么抱，自己走！再这样闹的话，妈妈就不要你了！”孩子难过地哽咽着，跟在后面，慢慢地朝家里走。回到家里，老公已经准备好了饭菜，还准备了一个好消息要告诉叶玲珑，谁知道她听后依旧闷闷不乐，吃完饭后又为洗碗的事和老公吵了一顿。

这样不愉快的情绪一直持续了三天。后来叶玲珑忽然醒悟，自己因为一句不该说的话导致了老总的批评，然后又带着坏情绪跟司机一顿吵，最后还让无辜的孩子和丈夫受到影响，也跟着消沉了三天。她觉得非常过意不去。心想，如果当时不那么冲动，冷静下来想一想，换一个说法，或许就不会是这个结果。从此以后，叶玲珑非常注意自己的言行。每次遇到重要的事情都要想一下，该怎么说会好一些，然后再把话说出来。

一篇文章这样写道：急事，慢慢地说；大事，清楚地说；没把握的事，谨慎地说；没有发生的事，不要说；做不到的事，别乱说；伤害人的事，不能说；讨厌的事，对事不对人地说；开心的事，看场合说；伤心的事，不要见人就说；别人的事，小心地说；自己的事，先听听自己的心怎么说；现在的事，做了再说；未来的事，以后再说。

说出去的话如同泼出去的水，因此，话不可以乱说，应该一字一句斟酌后再说，“良言一句三冬暖，恶语伤人六月寒”，就是这个意思。一句该说的话如同珍宝，对自己和别人都有好处。

大学时的老师对我们说，人之所以要长两个耳朵和一个嘴巴，那就是让你少说多听的。于是那些懂得说话艺术的人总是受人尊敬，人生的旅途也是一帆风顺，而那些喋喋不休的人会让人讨厌，听多了就会让人莫名其妙地烦躁、不安。尽管舌头没有骨头，却比身体的任何器官都要厉害，因为话一旦说出口，就再也没有挽回的余地了。

患得患失，不如抓住幸福的尾巴

人们常说得不到的东西才是最珍贵的。是啊，因为得不到，人们才憧憬，才梦想，才穷其一生去追求。我们常常会刻骨铭心，甚至一辈子记挂在心上。其实，最珍贵的，不是得不到，而是已失去。有些得不到的东西，我们努努力可能会得到，可是逝去的东西任凭我们怎样苦苦追寻，也是不可能的了。

其实想想，又何必呢？得不到也好，失去也罢，不要就是了，活得轻松一点儿不是更好吗？何苦自己折腾自己？何苦自己和自己过不去？何苦自己逼自己钻牛角尖走死胡同？但话又说回来了，许多事情劝别人容易，说服自己却很难。劝解别人，怎么好就怎么劝，可一旦放到自己的头上，却没有多少人能真正地说服自己，说起来容易做起来难啊！

知足常乐的道理几乎人人都懂，可现实生活中有几个人知足并且常乐呢？很多人拼命工作赚钱，租完房子买房子，买完房子买车子，买完车子再换大房子。生活永远没有尽头。在忙忙碌碌的生活里，他们没有时间享受，没有时间旅行，没有时间读书，甚至没有时间去陪陪自己的家人和孩子，去感受久违的家庭温暖和关怀，因此整个人也变得浮躁不安。这就是绝大多数人活得累的原因。

林峰曾是疲惫的城市人之一。从大学毕业在这个城市工作以来，他就按照世俗的价值观去奋斗，如今房也有了，车也有了，公司也有了，孩子聪明，家庭和睦，按理应该知足了。可实际上他对自己的生活状态从来没有满意过，从一无所有到现今成为百万富翁，他始终皱着眉头、面容沧桑。他对我说，他每天神经绷得紧紧的，一睁开眼就开始制订计划，这个必须做到，那个必须完成，月计划是多少，年计划是多少，必须和谁搞好关系，工作一定要尽力无可挑剔……他常常会因为一个项目没有通过而沮丧很久，因为少收入几千元而懊恼，因为一点儿失误而斥责员工惩罚自己，因为客户挑剔而委曲求全，整个人变得紧张而浮躁。大家旅游的时候他在工作，大家泡吧的时候他在加班，他说这些年他从来没有快乐过。他想要得到的东西太多了，而他能够实现的目标太少了。

这让我想起了圆音寺蜘蛛的寓言故事。

从前，有一座寺庙，叫圆音寺，寺庙前的横梁上有只蜘蛛，时月一长，蛛蛛也有了佛性。有一天，佛祖问蜘蛛："你认为世间什么才是最珍贵的？"蜘蛛想了想，回答："世间最珍贵的是'得不到'和'已失去'。"佛祖点了点头，离开了。

又过了一千年，佛祖再问蜘蛛，依然是那个答案。又过了一千年，有一天，刮起了大风，风将一滴甘露吹到了蜘蛛网上。蜘蛛望着甘露，见它晶莹透亮，顿生喜爱之意。后来又刮起了一阵大风，将甘露吹走了。这时佛祖再问那个问题，蜘蛛的答案依然如此。佛祖说："好，既然你有这样的认识，我让你到人间走一遭吧。"

蜘蛛投胎成了一个富家小姐，父母为她取名叫蛛儿。蛛儿十六岁那年的一天，新科状元郎甘露中仕，皇帝在后花园为他举行庆功宴席，在场的少女无一不为甘露所倾倒。几天后，皇帝下诏，命甘露和长风公主完婚，蛛儿和太子芝草完婚。这一消息对蛛儿来说如同晴空霹雳，她自寻短见被及时救下，太子芝草急忙赶来，对她苦苦哀求。这时，佛祖对蛛儿说：“蜘蛛，甘露是风（长风公主）带来的，最后也是风将它带走的。而太子芝草是当年圆音寺门前的一棵小草，它爱慕了你三千年，但你却从没有低头看它一眼。蜘蛛，我再来问你，世间什么才是最珍贵的？”蜘蛛说：“世间最珍贵的不是‘得不到’和‘已失去’，而是现在能把握的幸福。”

有的人在拥有时并不珍惜，他们认为一切所得都是理所当然的：认为光明是生来就有的，认为生命是上天必然的恩赐，认为时间是无穷无尽的……一切的一切都那样顺理成章，唾手可得。徐志摩说过：“我将于茫茫人海中访我唯一灵魂之伴侣，得之，我幸；不得，我命。如此而已。”带着一颗平常心去享受生活，安心享受已经拥有的，你的健康、快乐、幸福是多少钱都买不来的。

时常痛恨于找不到适合自己的鞋子，直到在路上看到一个失去双脚的人。与其失去了才醒悟拥有的宝贵，不如在得到时就好好珍惜，凡事不要勉强，不要浮躁，能够争取的努力去争取，不能够争取的不妨放手随它去。即使少做一个项目，即使少赚一点儿钱，即使房子小点儿、车子小点儿又有什么关系，至少，你依然年轻，四肢健全，身体健康，精力充沛，激情积极；你还能够享受家人的关怀和理解、爱人的温柔、孩子的懂事、父母的扶持、朋友的鼓励，这才是这个世界上最宝贵的东西。把握好现有的幸福，才有资格去创造未来的幸福，否则，你可能很难拥有幸福。

定期清理心灵的“病毒”

有一份调查发现人们在日常工作、生活、学习中，经常感觉抑郁的占18%，感觉人际关系紧张的占14%，遇事闷在心里不愿与人交流的占25%，个人愿望得不到满足消沉自弃的占13%，对工作生活感到精神紧张、疲惫不适的竟占30%。当下社会，人们的心理问题日益突出，并且有滋生蔓延的趋势。

这些负面情绪就像病毒一样侵入人的思想中，当一个人的内心感到失意、痛苦、悲观、绝望以及对生活失去信心时，这个人势必会变得敏感而脆弱，心情压抑、情绪低落，对于周围的一切变化都非常敏感，甚至到了草木皆兵的地步。如果这种负面情绪得不到宣泄，心灵的“病毒”不能及时清理，就会出现心理问题，人生就会偏离正常的轨道，甚至影响到家庭、社会的和谐与稳定。

这都是不能及时清理心灵的“病毒”，郁结于心，最后导致生理和心理的承受能力彻底崩溃而上演的悲剧。其实想一想，我们生活的每一天都会遇到很多的人和事，不如意十有八九，并非事事都会称心如意，即使有什么烦恼的事情困扰着你，这一天也是要过完的，因此，及时清理心灵的“病毒”就显得尤其重要。

白雅和沈冰不但是大学同窗，还是同一家外企的白领，在沈冰升职之

前，两个人的关系非常好。在她们一起工作两年之后，总部调走了一位部门经理，经公司考核之后，提升沈冰为新任部门经理，并且直接领导白雅。这让白雅的心里非常不舒服。她认为自己一点儿都不比沈冰差，可最后那个升职的人却偏偏不是自己。沈冰升职以后，尽管白雅表面上配合着沈冰的工作，可背地里时不时地就要搞些小动作为难沈冰。一次两次倒也瞒过去了，可时间一长难免露出破绽，这样一来，两个人的关系就变得紧张起来，而且同事和领导对白雅的做法也颇有微词，白雅痛定思痛，决定走出心理阴影。从小酷爱舞蹈的白雅报了滑冰班，去学习花样滑冰。在课堂上，白雅摔了一次又一次，第一次摔倒，她爬了起来，第二次、第三次摔倒她还是爬了起来，直到第二十次摔倒，浑身疼痛的她再也爬不起来了。她眼里噙着泪水问老师：“怎样才能学会花样滑冰？”老师说：“等你摔够五十次的时候你就学会了。”终于在她摔倒四十次的时候，她学会了花样滑冰，赢得了赞誉。也是因为这些磨砺，白雅很快调整好自己的情绪，开始以饱满积极的热情投入到工作中，白雅和沈冰也逐渐和好如初。

现在的社会是一个快速发展的社会，矛盾多、机遇多、挑战多、压力多，如果不具备良好的心理调节能力或者适应能力，就会产生或大或小的心理问题。

我们都是平凡的人，不可能事事坦然，但我们可以定期地为自己的心灵“杀杀毒”。所谓的心灵“中毒”，不过是自己为难自己，给心灵“杀毒”也就是放下这些所谓的心理包袱，让自己轻松自在。就像上面案例中的白雅一样，在面对沈冰升职的事实面前，白雅的嫉妒导致她表面上服从沈冰的安排，背地里却搞破坏，如果这个时候能够及时刹车，找沈冰或者亲近的朋友谈一谈、聊一聊，或许情形要好很多。幸好，她后来找到了“杀毒”的方式——花样滑冰。正是在一次又一次的摔倒和疼痛中，白雅逐渐清楚地认识到自己的问题，也慢慢地战胜了自己，调整好了自己的情绪。

即使一世聪明的人，也难免一时糊涂。当我们软弱了、松懈了，一不留神，“病毒”就可能入侵我们的心灵。这时候，首先要知道这个“病毒”的名字，是虚荣、狂妄、自私，还是冷漠等，接着，就要找到“病毒”的源头，从根上治愈。这个探寻的过程可能会很艰难，一旦我们失去信心，心灰意冷，心灵的“病毒”就会更加肆虐，直至我们的“防火墙”彻底崩溃，我们的心灵和行为彻底被“病毒”控制。为了战胜“病毒”，我们就要敞开心扉，学会宽容，善于转移那些负面情绪，强大自我，然后一步一步“杀毒”，一步一步提升自己。这样才能维持身心健康，维持正常的生活和工作，才能按照计划去实现目标和梦想。

有舍才能有得

有人说：放弃不该放弃的是无能，不放弃该放弃的是无知。一个人赤裸裸地来到这个世界，总是想给自己争取更多更好的东西。然而，在无限的追求和实现欲望的同时，人们都背上了沉重的负担，为此舍弃了宝贵的陪伴家人的时间，舍弃了友情，他们的眼里只有钱，只有权，只有地位和那些看得见的所谓财富。勇于放弃的人是有胆识与魄力的，他们能审时度势，当机立断，放弃无法实现的空虚的梦幻，以免徒劳无益。

人生有太多的欲求，不懂放弃就只能任欲求牵着鼻子走。放弃就是走到路的尽头，需要重新寻求另外的出口，这个选择无论怎样的艰难与迷惘，都会收获意外的绚烂。

石油大王洛克菲勒可谓是创造了一个神话，可这样一位传奇人物在生活里却是锱铢必较，把钱看得非常重。曾经因为担心货物在半路上出问题，每次都买保险，可当货物安全到达时，他又为了那150元的保险费而耿耿于怀，甚至病倒在床。正是因为这样计较得失，在53岁的时候，洛克菲勒就患上了神秘的消化病症，头发全掉光了，甚至连眼睫毛都一根不剩，为他写传记的约翰·温克勒说他“活像个木乃伊”。他驰骋商场，风光无限，却终日缺乏起码的安全感。他拥有大笔财富，却疲于捍卫、增长财富，忧虑烦恼，使他在53岁时就被判了“死刑”。

当时，医生给了他两个选择：要么放弃生命，要么放弃财富。他非常不情愿地接受了医生的建议，退休了。他成立了洛可菲勒慈善基金会，四处捐钱让他感受到赚钱所无法获得的满足和愉悦，即使当他旗下的“标准石油公司”因《反托拉斯法》的颁布而被处以“历史上最重的罚款”时，他也只对他的律师说：“不要担心，我本来就打算好好睡一觉，晚安！”……

明白的人懂得放弃，真情的人懂得牺牲，幸福的人懂得超脱！在理智面前，适时地放弃并不是退缩，而是一种冷静的智慧、一种成熟的象征。很多时候，成熟并不意味着你更加懂得去珍惜什么，而是你更加明白了适时放弃的重要，懂得有舍才有得。

前几年，王小丫主持的《开心辞典》是一档非常火的节目，我觉得这个节目是个非常需要智慧与机遇的节目，因为每达成一个梦想后，挑战者都会面临两种选择：一个是继续，一个是放弃。如果继续，结果会有两种：要么成功，圆了新的梦想；要么失败，又退回到起点。不进则退，不会让你保持原本取得的成绩。这种规则不但是游戏规则，也很像是我们的人生规则。

有一期，答题人相当幸运，一路顺利地答到了第九题。答完第九题，当他把自己设定的家庭梦想都实现后，小丫微笑着问：“继续吗？”“不，我放弃！”他干脆地回答。

所有现场的观众以及电视机前的观众都一愣。小丫连问了三次：“你真的放弃吗？不会后悔？”他依然点头，坚定地说：“我不会后悔，因为应该得到的我已经得到了。”

另一位主持人李佳明又问：“如果将来你的孩子问你，爸爸，那天你在《开心辞典》为什么放弃了，你会怎么说？”他说：“我会告诉孩子，人生不一定要走到最高点。”李佳明追问：“那你的孩子如果说，我以后只考80分就满足了，你怎么说？”他微笑着回答：“如果孩子觉得高兴，而且他付出了应该付出的努力，那么我认同！”

此言未落，台下已是掌声雷动。显然，大家都被这位挑战者明朗的人生态度和宽广的胸襟打动了。

人来到世界上，本来就是一无所有，所以我们不必担心失去什么，放弃是一种你我都有的权利。懂得放弃是人生的大智慧，适时的放弃是自知与明智的美丽结晶。有选择、有放弃，这才是完美的人生。也许有人要说：“放弃了，我便一无所有了。”放弃，自然要带着一些疼痛。哲人早就说过“鱼和熊掌不可兼得”。面对生活的诱惑，我们必然要学会放弃一些东西，才会让生活更精彩，才能萌发新的理想，才会有更大的成功。

宣泄情绪是保持心理健康的有效途径

所谓该笑的时候笑，该哭的时候哭，这是一个健康的人正常表达情绪的途径，同吃饭睡觉一样自然。可现如今，像这种正常的情绪宣泄都变成了一件奢侈的事。特别是对于敏感者来说，即便他很开心或者很难过，都会压抑自己的情绪，生怕别人说他是一个很情绪化的人，或者说他是一个不够成熟理智的人。情绪是你自己的，与别人无关，面对一件事情时，一个人可以选择真实地表露感情，同样也可以伪装。当一个人适度地表达情绪时，换来的是愉悦的心情；如果宣泄过度，则往往意味着盲目、冲动和不理性。

由于受到传统文化思想观念的影响，当今社会对男人有这样一个要求，就是“男儿有泪不轻弹”。实际上这是一个非常荒谬的观点。男人也是人，也有情绪化的一面。而且美国心理专家威费雷认为，眼泪能把有机体在应激反应过程中产生的某种毒素排出去。从这个角度讲，遇到悲伤的事情压抑着不哭就意味着慢性中毒，由此可见，“男儿有泪不轻弹”是不可取的。在悲痛的时候大哭一场，可以使情绪平静、心情舒畅。笑也一样，它同样是人的一种情绪释放，只是笑本身是心情轻松的表现。情绪不好时，宣泄是自我调整的重要途径，此时千万不要压抑、默默忍受，试着通过各种方法，把负面情绪表达、发泄出来，看喜剧、漫画、笑话，和幽默的朋友聊聊天，回忆愉快的往事等，尽量让自己笑起来，在笑声中，烦恼和痛苦就会慢慢消失。

现在的人都非常谨慎，总是小心翼翼地将自己包裹起来，生怕别人看出自己的一点儿破绽，有难过的事不能和人分享，怕被人取笑，有高兴的事不能和人分享，怕被人说成行事高调，于是每天压抑着，久而久之，身心健康都会受到威胁。

有这样一个著名的心理学实验：

两只活泼的猴子被分别缚在两张电椅上，电流是每20秒激发一次。被电击的滋味当然不好受，它们开始号叫挣扎。

然而，猴子不愧为灵长类动物，猴子甲很快发现，它的电椅有一个压杆，只要在电流袭来之前压一下压杆，就可免遭电击；而猴子乙却发现，它的电椅上没有压杆。于是，猴子甲就担负起压杆的责任，他紧张地估算着电流袭来的时间——结果是，要么两只猴子同时逃脱电击，要么它们一起受苦。是逃脱还是受苦，这完全取决于猴子甲，于是猴子甲就背负着超强的心理负荷和责任感，而猴子乙虽然很无奈，却无忧无虑——最后，猴子甲得了胃溃疡，猴子乙却安然无恙。

其实在竞争激烈的当今社会，我们中的很多人背负着超强的心理负荷和责任感，也有很多人对现实的残酷感到无奈。

即使你的哭相很难看，即使你笑得东倒西歪，那也无非告诉大家：我很难过或者我很高兴，仅此而已。没有人会因为你的情绪而对你有看法或者有所顾忌，倒是当你闷闷不乐地隐藏着情绪时，大家反而感到低气压，不舒服。

既然我们知道压抑着自己的情绪不好，就要学着疏导。心理学家提出了8个改变坏情绪的方法，我们一起来了解一下吧！

1. 听音乐、看电影

音乐是一种艺术，音乐也是一种心境，轻快的音乐可以让我们的心情愉悦，悲伤的音乐可以让我们伤怀。当你心情不好时，可以听一听轻音乐，听一听自然的声音，你会发现，你的心情能愉悦起来。而看电影也是一样的，一部好的电影，可以让我们笑，让我们哭，让我们感动，让我们深思！

2. 数数

正如托马斯·杰斐逊的名言所说的："生气的时候，数到十再说话；如果非常生气，那就数到一百。"这个办法很有效，它能为我们延长愤怒爆发前的时间，而让你意识到并及早遏止。心理学教授布拉德·布什曼博士说："愤怒的人一般都是高度兴奋的状态，当人们被激怒的时候，他们说的话和做的事之后会让自己感到后悔。"要慢慢计数，不管数到几，只要给你的血压和心率腾出合适的时间恢复正常就好。随着时间的推移，你被激起的愤怒情绪就会平息下来。

3. 转移注意力

当我们沉溺于坏情绪之中时，我们就会很难摆脱，而这个时候，我们就要学会如何去转移自己的注意力。可以试着走出去，看看鸟语花香，去公园散散步，也可以试着慢跑一下，这对你缓解焦躁情绪是有很大帮助的。

4. 懂得感恩

大量的研究证明，简单的感恩就可以使我们感到快乐，而快乐自然会让我们远离负面情绪。当然，你不会想去感恩中伤你的人，但是可以感激自己生活中其他的事情，不管是大事还是小事。加利福尼亚大学的研究人员表示，规律而持续的感恩行为还有助于提高人的身心健康。

5.冷静后再交流

在决定开口说话之前先估量一下自己的坏情绪的强烈程度是在 1~10 的哪个范围。如果选择在愤怒得面红耳赤的时候说话，很有可能会和别人卷入一场争执当中。当你的情绪非常糟糕的时候，绝对不应该选择和别人交流，而应该等到自己完全冷静下来，再做下一步打算。如果认为自己的负面情绪可以控制，并且可以有效地将其表达出来而不造成破坏性的影响或者导致其他问题，那么这时候就是展开讨论的好时机了。

6.运动

只要身处大自然中，散步，行走、跑步或骑自行车都可以改善情绪，增强自信。这样不仅有利身体健康，也有利心理健康。运动不仅是一种肌肉的锻炼，也是一种情绪的放松。缺乏锻炼的人情绪的不稳定性远比经常锻炼的人为高，由于经常锻炼，其思维的敏捷性也相对提高，很容易意识到自己在哪方面出了缺陷，又由于处在运动之中，会把令人烦恼的东西丢在一边，转移了注意力，从而改变负面的情绪。

7.感受色彩

颜色是精神的“营养物”，穿着色彩明快的服饰可改善情绪。多在阳光灿烂的日子里进行户外活动，室内工作要保证光线充足，有利振奋精神。

8.吃美食

一些心理学家认为，碳水化合物是一种能使人平静下来的情绪食物。科学家朱迪思·沃特曼进一步解释说，碳水化合物能促使大脑分泌一种神经递质，帮助人冷静并放松下来。1.5 盎司（约 42 克）碳水化合物就能起到舒缓情绪的效果，比如适当吃点薯条、爆米花等。多吃鸡肉、瘦牛肉、海鱼等富含蛋白质的食物也有好处。

上面的方法因人而异，但目的只有一个，那就是及时地调节负面情绪，让你对周围的负面情绪变得钝感一些。

大大咧咧，简简单单，没心没肺，甚至适当地“二”一回，也没什么不可以的。做真实的自己，只要找到一种适合你的方法，都可以去尝试，如果你实在无法调整自己，那么就做一件事：深呼吸。在吸纳新鲜空气的时候，你的身体机能重新经历了一次刷新，从生理的调节带动精神的调节，是最简单也是最有效的办法。这时候无论你是笑还是哭，都会觉得浑身舒畅，展露在大家面前时也更坦诚直率，这比任何一种情绪和表情都容易感染人，更容易拉近彼此之间的距离。

第七章

心态充满正能量，逆境也会变坦途

正能量会增强你的信心和弹性，而负面情绪则会使你失去宽容和正义感。如果无法控制自己的情绪，你将会因为一时的情绪失控而受到伤害，付出代价。

目光长远、顾全大局才能走得更远

先从唐僧说起吧。很多看过《西游记》的人都不喜欢他，因为他不但不会十八般武艺，而且连妖魔鬼怪都分辨不清，每每遭遇不测的时候，只能扮作一副惊恐状大喊一声：“悟空快来救我！”

可就是这么一个什么都不会的唐僧却领导了三个本领高强的徒弟，完成了西天取经大业。想来也奇怪，唐僧的三个徒弟当初都是桀骜不驯、不怕闯祸的主，可唐僧率领他们完成了去西天取回真经的重大任务，而且在取经途中，三个犯过错的徒弟在他的教导下洗心革面、兢兢业业，最后修成正果，被佛祖论功行赏，封为不同级别的佛、使者、罗汉等。而唐僧则实现了自己的宏伟目标，取回真经，功德圆满。

基于此，我们不能断然下结论说唐僧无能，他还是有能力的，并且是那些看不见的大能力。他有非常好的领导能力，事实证明他成功地领导团队顺利完成了任务，实现了自己的目标和计划，并且使每个人在工作中得到提升，这就更加烘托了他的非凡才华。唐僧能够成就大事，自有他的一套成功法则，其中最基本的法则就是从容。如果是一个急躁的人，他不可能和三个徒弟坚持多年，经历九九八十一难到达西天取得真经，光是和悟空、八戒之间的师徒摩擦都够他受的了，每当他和徒弟们起了摩擦时，他就劝说各位要团结一心，要坚持才能取得真经，实在劝说不下，就动起了他的撒手锏：念紧箍咒，或者给徒儿们施加精神压力，迫于感恩，徒儿们也就乖乖顺从了。

春秋战国时期，越王勾践国家弱小，面对吴王夫差大军压境，他心想："我不能就这么丢弃了我的国家和子民，我要活着，活着还有希望。"于是他下定决心打开城门迎吴王进城。

在吴王百万雄师面前，他低下了自己的头颅，跪倒在地，俯首称臣，吴王看着眼前如蝼蚁般的越王，心里一阵得意，让越王养马，搬进柴房住。可就是这样吴王还是不相信他，处处盯着他。

他知道如果想要得到吴王的信任，自己就必须忍耐，顾全大局。后来吴王生病了，医生说看病需尝便，这样会更加准确地知道所得之病。

越王来到了宫殿里，看着被端到自己面前的粪便，他心里难受极了，但是他也知道，这也是一次机会，一次能获取吴王信任的机会，为此他深吸一口气，装作极为忠诚的样子，尝得其粪味，以配合医生用药。以后每当吴王犯肠胃病时，越王都亲口尝一下吴王的大便，吴王看到越王对自己如此忠诚，终于取得了吴王的宽恕，让越王回国。

越王回到自己的国家，开始体恤百姓，减免赋税，并和百姓同吃同住，用自己的真诚换取百姓的爱戴与信任，经过十多年的艰苦磨炼，终于杀得吴王溃不成军，实现了复国雪耻的抱负。

越王用自己的忍耐包容着一切，接受着一切，然后等待合适的时机，改变了一切，克服了一切，实现了自己的愿望，成就了自己的事业，他面对侮辱不惊不惧，从容不迫，用自己的大智慧，以一敌百,一忍得道，千人破雄师，赢得复国大业。

老百姓有一句俗语，叫作"人在屋檐下，不得不低头"。意思是说人在权势、机会不如别人的时候，不能不放下高调的姿态，低头退让，但对于这种情况，不同的人可能会采取不同的态度。善于进取的人，会放下暂时的劣势，将此当作磨炼自己的机会，借此取得休养生息的时间，以图将来东山再起，而绝不是一味地消极乃至消沉；那些经不起困难和挫折的人，往往不懂得放下，陷于困境中畏缩不前，不愿想办法去克服眼前的困难，只是一味地听天由命。

可见，要想干大事就要学会放下，将那些小心思、小九九、小情绪等细枝末节的东西统统放下，这样才能顾全大局、目光长远，时刻带着冷静和智慧的头脑去分析具体形势，及时作出判断和调整，审时度势，走得更远。

境随心转，凡事向前看

星云大师说过："人要活在希望里，每个人对未来的希望不可以减少，要勇敢地相信：希望就在前面，我即将达到目标。"人生要有梦，有梦想就有追逐，追梦也是力量、动力、精进之源。知其不可为而为之，敢于发心，要有大胸襟，大格局，大智慧，大进取。道理似乎人人都懂，可为什么不容易实现呢？就是因为大多数人顺境的时候能做到一鼓作气，而逆境的时候却垂头丧气，患得患失……最后，一切梦想和愿望化作灰烬，自己则在逆境中自怨自艾，痛苦终生。

有一年，亚历山大大帝决定带兵远征波斯。出发前，他下令把自己的财产分给臣下，臣子们都不理解，感到奇怪。有一个叫庇尔狄迦斯的大臣问道："陛下把财产都分了，那您带什么出发呢？"亚历山大大帝回答说："我只有一个财宝，那就是希望！"庇尔狄迦斯听了说道："那么请允许我们也来分享它吧！"于是，许多臣子都谢绝了分给自己的财产。结果，他的这次带着"希望"的远征取得了决定性的胜利，开辟了一条影响至今的丝绸之路。

这个故事告诉我们，心中充满了希望，就像熊熊燃烧的火焰，会给人以无穷无尽的力量，催人奋进，百折不挠，直到成功。可生活中的情形是：很多人没有目标和方向，每天浑浑噩噩地生活。有的人把希望寄托在儿女成龙成凤上，有的人把希望寄托在自己的事业上，有的人把希望寄托在改变命运上。其实，最能持久的寄托是心灵的成长。与其给别人一个希望，不如给自己一个希望。

在现实生活中，困扰我们的“绳结”不仅仅存在于我们身边，也可能在我们的心中。

有一个年轻人从家里出门，在路上他看到了一件有趣的事，正好经过一座寺院，便想考考老禅师。

他问道：“什么是团团转？”

“皆因绳未断。”老禅师随口答道。

年轻人听了大吃一惊。

老禅师问道：“什么事让你这样惊讶？”

“不，老师父，我惊讶的是，你是怎么知道的呢？”年轻人说，“我今天在来的路上，看到了一头牛被绳子穿了鼻子，拴在树上，这头牛想离开这棵树，到草场上去吃草，谁知它转来转去，就是脱不开身。我以为师父没看见，肯定答不出来，没想到你一下就说中了。”

老禅师微笑道：“你问的是事，我答的是理；你问的是牛被绳缚而不得脱，我答的是心被俗务纠缠而不得解脱，一理通百事啊！”

年轻人大悟。

一只风筝，再怎么飞，也飞不上万里高空，是因为被绳子牵住；一匹马，再怎么烈，却被马鞍套上任由鞭抽，是因为被绳牵住。因为一根绳子，风筝失去了天空；因为一根绳子，骏马失去了驰骋。

细想想，我们的人生，不也是常被某些无形的绳子牵住吗？某一阶段情绪不太好，是不是自己也存在某种心灵的绳索？这个故事是不是也能给自己带来一些启示呢？

有哲人说：世上除了生死，其他都是小事。还有哲人说：所有的人都是生活在希望当中的。假如真的有人生活在无望的人生之中，那么他只能是虚度残生了。

人的希望都是在自我的精神体系中，根据个人的心理轨迹走的，不能被他人影响，否则就会痛苦，当这种痛苦不能承受时，就会失去希望，感到绝望。一个人从他出生的那天起，就不可避免地走在了通往死亡的道路上，这是自然法则，不可抗拒。明知将来有一天终要死去，那人为什么还要活呢？活的就是一个过程，活的就是一个希望。贫穷的人希望通过奋斗改变现状，获取财富；地位卑贱的人希望通过努力工作光宗耀祖；踢球的人希望通过勤学苦练成为梅西第二；体弱多病的人遍访名医，希望的是身体健康；寒窗苦读十余载，不就是希望能考上一所好大学，将来有份好工作……一句话：人就是活在希望里，生命也因希望变得丰富多彩，而我们所有的努力就是希望自己有朝一日能得偿所愿。

希望就是力量，当困难与失望对你纠缠不休时，请不要夸大它们的威力，那只不过是成功的前奏而已。不妨大胆地藐视它们，忽略它们，走自己的路，不受其影响，用钝感的盾牌抵挡，用信念的力量超越，这样，你才会最终获得成功。

坦然面对顺境与逆境

现代人处在一个生活条件快速改善的时代，没有经历过以前的物质匮乏和艰难生活的历练，又多为独生子女，备受家庭的关爱，往往显得格外脆弱，遇到一点儿挫折和不快，就以为人生不可承受，甚至产生严重的心理问题。

从当前的小说以及影视作品中不难看出，那些消极脆弱的人往往遇到一点儿事就觉得世界黯淡无光，人生毫无希望。这些人个性很强，但自我奋斗、克服困难、适应环境的能力却不强，往往会由于脆弱而显得有些自闭。但年轻人总是要面对真实的社会竞争、人际关系等问题，靠家庭或社会的帮助当然无可厚非，但最终一切还得靠自己努力。

其实，现在的年轻人所遇到的困难和问题，在经历过艰难生活的老一辈看来，往往不足为道。过去生活的艰难能培养人的“意志力”，让人学会克服困难，而不是抱怨社会，或者遇到一点儿困难挫折就给自己下定义，“我就这样了”“咱就不是有钱人的命”“得过且过吧”等，这些想法让许多年轻人失去本该有的活力和激情，变得消极颓废，毫无目标，更谈不上追求梦想的魄力了。

办公室里来了一个女孩，年轻漂亮，勤奋聪明。按理来说，这样的人是任何一个用人单位都倍加珍惜的，可遗憾的是，一个月后，她就离职了。为什么呢？上班第一天，领导交给她一项工作，就是找几条相关信息，编辑后发到公司的官方网站上，这对女孩来说简直就是小菜一碟。她很快做完了，然后她看到领导的电脑桌面上文件比较凌乱，就动手开始整理起来。一个多小时后，电脑桌面整齐干净，等到领导用电脑时发现资料怎么也找不到了。为此，领导批评了她，她觉得很委屈。之后，女孩又相继在给客户寄材料的时候填错了地址、打扫卫生的时候碰坏了花瓶、不按领导意思去执行工作等环节中出现了问题。其实出现问题没有什么，只要主动沟通积极改正，她依然是一个尽职尽责的好员工，可惜她承受不住批评。终于，在一次领导找她谈话的时候，她不可遏制地爆发了："你根本就是看不起我，就是找我的事儿，与其这样不如明说，何必浪费我的时间……"

结局可想而知，她试用期都没有过，就被辞退了。

实际上，与其将自己置于一种寻求认证的痛苦中，不如认认真真地做好自己。不管是面对工作，还是面对生活，最明智的做法是以淡然之心，做好必做之事，生命不息，奋斗不止，循其规律，顺其自然即可。

目前身为一家教育机构老总的林然对此有着深刻的体会：

林然在圈子里是个让人尊重的人。五十多岁，还执着地做着杂志，那个被他当作命一样的杂志让他失去了很多，也得到了很多。他人不错，可做事太爱较真，这一点，很多人都受不了，合作伙伴、同事以及他的妻子都忍无可忍。刚开始做杂志时，资金紧张，他省吃俭用维持着杂志的运营。或许是在低谷期，他的心理特别脆弱，稍微风吹草动他就如临大敌。跟他一起合作的股东小雷是个大大咧咧的人，跟同事们关系处得很好，大家有什么都跟他说，老林觉得受不了，认为这是在搞小帮派，孤立自己，为此他召开全体会议，批评和指责员工，并警告：如果发现，开除处理！

对合作伙伴也是如此，他没完没了地挑剔、反反复复地改规章制度给合作造成了很大的障碍，导致工作不能正常有序地进行，合作伙伴给他下了最后通牒：如果还是这样的话，对不起，终止合作！

老林可谓腹背受敌。他去找一位长辈聊天，说出自己的苦闷。长辈哈哈一笑："这么经不起挫折以后还怎么成大事？这么脆弱，以后还怎么挑大梁？公司不是靠你处处监督就能运转的，而是要靠制度，合作也一样，有章可循，该怎样就怎样，凡事都由着自己的性子来，那还怎么共事，你呀，真该好好检讨检讨自己！"

长辈的话让老林深思许久，于是他敞开心扉和大家商讨发展方向，有了他的这份坦诚和大度，公司很快步入正轨，迅速壮大起来。

人生不如意十之八九，遭遇困难再平常不过。那么，遇到问题该怎么解决？逃避？消沉？这都不是该有的心态，正确面对问题，寻找合理的解决方案，才是渡过难关的唯一途径。虽然人生的机遇有时并不掌握在自己的手里，但只要我们时刻保持上进的姿态，坦然面对生活和工作中的一切，不急不躁，机会自然就会垂青我们，人生也自然会出现一个新的转机。

伟大是逆境熬出来的

人的一生，短暂、平淡，对错难分，到底怎样才不会虚度光阴呢？无非是用自己的激情和热血去努力奋斗。正应了那句话：伟大是磨出来的！

事业也罢，生活也罢，无论再长的路都是一步一步走过来的，急不得，躁不得。可在生活节奏越来越快的今天，人们大都在忙碌之中迷失了自我。有人说自己工作忙，每天有开不完的会、做不完的事，加班是家常便饭；有人说自己应酬多，每周有参加不完的饭局，难得在家吃顿饭；还有人说自己家里事情太多太烦，买房子要折腾，孩子上学也要操心，一天下来筋疲力尽。还有一些人对工作状态不满意，认为自己"起得比鸡早，睡得比狗晚，吃得比猪差，干得比驴多"，感觉自己越忙越穷、越穷越忙，整日疲于奔命却毫无前途可言。如果真的是这样，这个时候你就要思考，忙碌的目的是什么？是为了曾经的宏伟目标，还是仅仅为了每个月能挣到的薪水？

路要一步一步走，饭要一口一口吃，幻想一蹴而就，只会让自己更加失望。凡事量力而行，避免好高骛远，不要被表面的"忙"牵着鼻子走，也许能过得更快乐一些。

每个人的幸福都需要靠自己去打拼，并且要在打拼的路上随时调整自己、安慰自己、鼓励自己，然后一步一步地提升自己，这样生活就会越来越幸福。可让人惊奇的是，在通往幸福的康庄大道上，很多人不是被竞争者打垮了，而是被自己打败了，说得再准确点儿，是被脆弱打败了。他们遭遇小小难题，就唉声叹气、心乱如麻，然后在自我责备和埋怨中丧失了美好的时机，因此在最后关头只能看到自己失败的影子。现在有很多人总是不能正确地认识自己，觉得周围的一切都在和他作对，朋友不帮他，领导不提拔他，亲人不理解他，这也看不上，那也看不惯，既浮躁又暴躁，这种心态虽然可笑，但在生活中却普遍存在。

每个成功的人生都是经过一步一个脚印的付出得来的，就像农民种地：春天要耕地，松土，播种；夏天要除草追肥，引水灌溉；秋天要收获果实，颗粒归仓；冬天还要准备来年的种子，整翻土地。事情得一步一步来，按部就班，不可能不经过耕耘就有收获。如果看见一场暴雨就认定是灾年，遇到虫害就要毁苗，看到风把庄稼吹倒了，就茶饭不思、唉声叹气，且不说丰收与否，单是这种消极的心态就注定其只能黯淡过一生。

一个人如果谨慎小心、脆弱消极，见不得周围有任何风吹草动，是不可能成功的。因为成功偏爱那些有想法、敢行动，然后踏踏实实一步一个脚印去实现的人，比如曾国藩。

南浦云在《升迁就学曾国藩》里，说了很好的一段话："死读书，呆做官，赶鸭子上架创湘军，别人都晕他独醒，别人都胜他偏败。战城陵，战武昌，血战田家镇，刀头舔血，玩命硬扛；败靖港，败九江，坐困祁门，死里求活，几次跳江；上斗皇上下斗巡抚，外斗满臣内斗老乡，硬着头皮要心眼儿；混浊闷愣，跟头把式，一步步把自己磨炼成了湘军大帅；克安庆，围天京，满腹韬略，用兵如神，究其出处，却也平常。"到最后平定天下。曾国藩赢在战场，却彻底困于政局，被当权者猜疑、打击，弄得灰头土脸；晚年虽然倾心于洋务运动，也多有谋划，但总的来说，基本没有干成。这才是真正的曾国藩。

闷头闷脑的曾国藩，年轻时的他努力要做个好儒生，不断碰壁又不断地矫正自己，在人们的嘲笑和讽刺中逐渐强大，中年以后，他开始控大局，办大事，想大问题，结果他从不懂变通到尝试变通，学会变通，越来越聪明，越来越开窍儿。晚年的他已经试着学习新知识，接受新思想，睁眼看世界……虽然寿数有限，他只说了几句话，做了几个计划，可毕竟能做的做了，该想的想了，可以说的都说了。

其实对那些真正的成功人士来说，他们成功的秘诀就是：按部就班做下去。不论是顺境还是逆境，不管是阻挠还是坎坷，他们都视而不见，只低头赶路，只认定自己要去做的事情，这便是坚持的智慧。

坚持是成功亘古不变的定律，放之四海而皆准。或许一些人一些事在现在看来很是了不起，可在当时，他们都是咬着牙坚持过来的。一桩桩小事，一个个坎坷，挺过去了，目标就更近些；挺不过去或者直言放弃，那么伟大就只能成为别人的传说。同样的几十年、同样的一件事，因为心态不同、行为方式不同，每个人的命运就有了不同的结局，这也是坚持和放弃的天壤之别。别被一时的困难所吓倒，当你的心理变得越来越脆弱的时候，适时提醒自己，将挫折困难看淡些，办法总比问题多。

挫折是成功的必经之路

有人说，每一位成功者都是一位“精神大师”，因为他们总是能正确地认识自己，在一次次跌倒又爬起来的过程中，一步一步走向辉煌。可是这样的人终归是少数，大多数的人都很普通，时时会惧怕困难和挫折，但只要每次跌倒后都能站起来，你就还有希望，如果你长期沉浸在跌倒的疼痛和阴影中，那么恐怕就再也站不起来了。

电视剧《勇敢的心》讲述的就是这样一个故事。

一个出生在书香门第、从小就被教育不要惹事的孩子，见到老鼠都怕得要命，如果跟别的孩子打一架，那更是要尿裤子的。就是带着这颗脆弱甚至懦弱的心，他在境遇的逼迫下，一点点地变得成熟，变得勇敢起来。他只身闯荡江湖，从讨饭到打码头，并成为武汉第一码头。为了抗日，他流落到东北，一切从头开始，被挤对、被打压、被迫害，屡次的刁难都没有吓倒他，反而让他变得更加勇敢。最后成为优秀的共产党员、杰出的抗日志士，为他的人生留下了光辉的一笔！

其实每个人都是一样的，只是面对困难和挫折的心境不一样。有胆识的人知难而进，懦弱的人知难而退，正因为如此，同样的境遇造就了不同的人生。

这是某个城市一年一度的单车比赛，全球好手都会聚于此。在众多好手中，有三个不同信仰的青年。

第一个青年相信宿命论。有一次，他在竞赛时滑倒了，无论他后来如何拼搏都无法改变失败的结果。此后，每遇比赛一旦他不幸滑倒，他就会自动弃权，他认为那是命中注定的，是无法更改的命运。他将整个竞赛的成败，寄托于冥冥中的“命运”。

第二个青年，从小就崇拜三国时代的“关公”。每逢竞赛之前，他一定跟父母到附近唐人街的一间关帝庙去烧香，向庙内的童子询问“结果”。若那名童子准许他参加竞赛，他便会信心满满地去参赛；反之，便放弃。

最后一个青年是第一次参赛。他这次的参赛目标是夺冠，以赢得 10 万元奖金，好让他重病的母亲到最好的医院去治疗。他每天都勤奋地练习，跌倒了，又爬起来，他不断鼓励自己：我一定要得到冠军！

比赛开始了。一听到开始比赛的枪声，上百名选手争先恐后往前冲。

第一个青年在比赛开始后不久，因路滑而跌倒，他便将单车推到路旁，很无奈地看着竞争对手从他的眼前驰过。“唉，这是上天的安排，有什么办法呢！”

第二个青年因有“神”助而拼命地奔驰。然而，在一个转弯处，他一不留神，发生意外，人仰车翻，不省人事。他醒来后做的第一件事情就是去关帝庙里斥责童子，而不是反省自己究竟在什么状态下出的错。

至于第三个青年，一直在凭着信念奔驰，一旦跌倒了，就赶忙爬起来，忍痛继续冲刺。最终夺得了冠军。

事物的多面性和复杂性，决定了人生不可能一帆风顺，生活也不总是顺风顺水。无论你做了多少准备，有一点是毋庸置疑的：当你进行新的尝试时，你就可能会犯错误。不管你是作家、运动员或是企业家，只要不断地对自己提出更高的要求，都难免会“跌倒”。这个时候，你要做的就是，掸一掸身上的尘土，重新上路。有积极心态的人都明白，因为命运掌握在自己手里，所以跌倒了再爬起来继续努力，就会获得成功。当一个人处于绝望的时候，若能展现积极乐观的一面，承担眼前的一切，不担心以后的事情，这样，绝望将不再是绝望，反而可能是另一个转机。

一个小错误、一个小挫折、一个小漏洞可能在当时看来无比巨大，当你鼓起勇气战胜它，转身再去看时，它实则非常渺小。但这个前提是，你必须像第三个青年一样跌倒了就爬起来。

张博从美国“镀金”回国后，在一次竞选中当上了副厂长，理论知识和创新能力他都已经具备，但毕竟年轻，管理经验不足，在他任职的半年中，出现了好几个小错误，虽然不够致命，但对厂子造成了不同程度的负面影响。尤其是最后一次，因为追求经济效益提升壮大厂子的实力，他引进了一款软件，结果在下订单的时候，将软件的名称写错了，仅一个字母之差，给厂里造成了不可挽回的损失。最后经上级斟酌考虑，罢免张博副厂长一职，让他到车间参加一线劳动。昨天还是衣冠楚楚的副厂长，今天就成了穿着工作服的工人，对于刚踏入社会的张博来说，如此巨大的落差让他一时难以接受。

张博在周末时间短暂的旅游之后，解开了自己心头的疙瘩。他很快调整心态，正视现实，总结失败的原因，并且开始脚踏实地地工作。一年之后，他的工作有了很大的起色，又重新回到了副厂长的岗位上。如今张博感慨地说：“可能在当时觉得没面子，被下放到车间觉得没有希望了，实际上在车间锻炼的那一年时间我才真正地积累了丰富的管理经验，同时那段时间也是在提醒我以后如何避免再犯错误。”

假如张博是一个敏感者，事情会朝哪个方向发展呢？可想而知，对于罢免一事一定会愤愤不平、耿耿于怀，调到车间更是抬不起头，如坐针毡。不能正视自己，不能和同事搞好关系，即便是在流水线上，他也会害怕发生同样的错误，如此一来，他恐怕就连在这家厂子的工作都保不住了。

一个人从嗷嗷待哺到蹒跚走路，其间不知道要跌倒多少次，可是我们还是吃力地、挣扎地站了起来，这就是成长。即便到了成年，成长的轨迹依然在延伸，我们需要具备一颗永不退缩的心。

每个人在生命历程中都会遇到这样或那样的挫折，如何看待它将是主宰人生的关键。畏惧退缩、自怨自艾是无济于事的，只有正视挫折、藐视挫折、超越自我、勇于克服，才能最终走向成功。因为成功总是属于那些备尝艰辛、异常顽强的人，总是属于那些在挫折中越战越勇、不被打垮的人。

顺境、逆境都要保持乐观心态

好心态人人都想有，可不是人人都能有。因为在日常生活中，我们牵挂得太多，在意得太多，所以我们会因为一些人和事不遂心愿，导致心情不愉快。

春花秋月，大自然有它的规律，人也一样。天地宽广，世界奇妙，把心胸放宽些，把眼光放远些，把心态放平常一些，那么，就会减少很多痛苦和烦恼。弥勒佛为什么整天笑呵呵的？因为他“大肚能容，容天下难容之事；开口便笑，笑天下可笑之人”。人产生痛苦的根本原因，一是自己想得太多，再就是欲望太高。这不正是悲观者的心结吗？要想不悲观，就要强大自己的内心，心胸开阔、少欲知足，不管顺境还是逆境都能够坦然面对。天晴走路，下雨撑伞，一切顺其自然，就能使你更快乐。人要学会在复杂的生活中保持一种单纯的心态，才不会被复杂的生活所累。

有一句话说得好：一个能控制住负面情绪的人，比一个能拿下一座城池的人更强大。能拿下一座城池的人想必不是将军就是统帅，这已经是人中豪杰了，而能控制住情绪，不被情绪所左右的人更是人上人。顺境之时人大都会情绪较好，而逆境之时人的情绪会变坏，情绪一坏，一个人就在心理力量上被解除了武装。

《关尹子》中说：“情，波也；心，流也；性，水也。”这里的“情”，就是指情感、情绪，就像水流动时的波浪。“心”就是人的意愿和愿望，就像水的流动，形成了一定的趋向，有一定的态势（动能和势能）。而“性”就是人的本能、需要，像水一样。人的需要、心愿和客观事物发生各种相互作用时，就会产生情绪和情感，或喜或悲或怒或惧。学会控制情绪，有利于超越自我、创造自我。一个优秀的人每天会做三件事：微笑、说“谢谢”、说“对不起”。这再简单不过的三件事却能让一个人拥有一个良好的心态，对每一个人微笑，做错事情说“对不起”，向别人道歉的同时也原谅了自己，向感恩的人说“谢谢”，让自己的胸怀变得更加博大。试想，时间长了，怎么会不让人尊敬爱戴呢？

一个最切实的感受就是，心情好，觉得什么都好，天也蓝，地也宽，人也好。如果心情不好，觉得没什么事可值得开心，扳着指头数来都是一大堆的麻烦，工作不好、工资不高、单位太远、同事太挑、朋友淡漠、房子太小、车子太差、物价太高、环境太差……用一句话来形容就是：没法活了。为什么？没有快乐！关键还是没有一个找快乐的心态。其实，幸福对你而言，是随时随处都能感受到的。比如我的一位朋友就是这么一个人。按理来说，三十而立的他还没立住，要啥没啥，一份工作做得七零八落，但他最大的长处就是开心。没事儿出去旅游，回来写几篇游记发到杂志上，赚到的稿费请朋友吃喝玩乐。买件新衣服他开心，别人夸他几句他开心，雨后天晴他开心，去做义工他也开心……早晚见他总是乐乐呵呵的，我们就问他：“你哪儿那么多高兴的事啊？”他笑着说：“是啊，开心的事数也数不完，就是你们懒得去数。”

有人说心态的好坏直接关系到人生的成败和安危。许多心态好的人不仅获得了成功，而且能够健康长寿、一生幸福。一个好的心态千金难买。也有人说，拥有好心态的人是一个明白人。所谓明白人，既能努力改变环境，更能努力改变心境。改变环境靠聪明，改变心境靠智慧。智慧的人能悟出人生真谛，把握生活方向，知道自己的根本追求，不会为了一点儿琐事而烦恼。

人人都想获得快乐，那么，怎么才能快乐呢？通过修身养性，纯洁心灵，随时调整自己的心境，保持积极、乐观、向上的心态，都是获得快乐的途径。

爱是懂得，不是盲目的爱。因为懂得际遇不是我们所能左右的，所以要知足常乐。这不是让你不求上进、止步不前，而是保持愉快的心情，即使缺这少那，也该慢慢去奋斗，逐步去改变。在诸多不如意的事情面前，要保持心理平衡，然后谋划发展改变之策。爱是体恤，不要去盲目地追求一些不切实际的目标，那样奋斗的过程必然会布满荆棘，脆弱的心也会时时受到伤害。爱是恬静淡然，看淡名利是非，别把自己太当回事，也别把自己不当回事。

要想生活快乐，就要有一份轻松的心情和健康的生活态度，好的心态对任何一个人而言都是非常重要的。好的心态是我们做好每一件事情、应对生活中出现的问题与困难必须具备的前提条件。拥有好心态，就能时时享受快乐和幸福。心态好了，看什么都顺眼，做什么事都顺心。如果每天都能保持一份好心情，那么，我们每天都是快乐和充实的。

坦然面对幸与不幸

生活中每个人都可能遇到这样或者那样的不幸，比如亲人病故，情侣分手，爱情背叛，身患重病，被无辜解雇……很多人在面对这些不幸的时候大都情绪消沉，甚至一蹶不振，感觉到生不如死。实际上这些变故都不足以对你的人生构成致命的伤害，最致命的伤害来自你自己，是你的心灵导致你对生活绝望。如果在这个时候能够换个角度想问题，也许就能减少很多痛苦。

幸与不幸全然在一念之间。事实也的确如此，一个人的心态决定着一个人的成败。一位哲人说过：态度就像磁铁，不论我们的思想是正面的还是负面的，我们都受它的牵引。而思想就像轮子一般，使我们朝特定方向前进。虽然我们无法改变人生，但我们可以改变人生观；虽然我们无法改变环境，但我们可以改变心境。

一个良好的心态可以使一个人很快从悲痛中平静下来，这就是心理上入静的状态。科学研究表明，入静的状态可以使由于过度紧张、兴奋引起的脑细胞机能紊乱得以恢复正常。你若处于悲痛欲绝、心烦意乱的状态就无法用理性思考问题，更无法使你根据实际情况做出正确的判断，而当你平静下来时，再看不幸和烦恼，也许会觉得它并没有什么了不起，人所陷于的困境往往来源于自身。对自己和现实有一个全面正确的认识，是在突变面前保持情绪稳定的前提之一，当你处于困境时，要多想想别人都是怎样渡过难关的，总结经验和教训，这样情绪就会平静很多。

亦舒的小说《我的前半生》就讲了这样一个有关人生不幸的故事。当小说的主人公还沉浸在平静而幸福的生活中时偶然得知丈夫有了外遇，是和一位末流女星发生了关系，于是她的生活完全被打破了。她开始消沉，终日哭泣，对生活失去信心，她认为所有人都在和她作对，包括她的母亲和妹妹，就连她最爱的两个孩子也不能给她一点儿安慰，唯一能带给她寄托的就是最要好的女伴。于是离婚之后，她再次把所有生活希望寄托在这位女伴身上，心情不好的时候女伴帮她，经济拮据的时候女伴相助，无聊寂寞的时候女伴陪伴，她认为，即使没了男人，她至少还有这个闺蜜好友，可谁知道，女伴也有了自己心爱的人。她彻底绝望，孤独无助时刻袭击着她脆弱的心。等她从艰难困苦的生活中走出来再回头看那段惨败的日子时，她感谢那段不幸让她看懂了生活的真相，因为那段不幸，她的前半生变得完整，她的人生开始变得丰富而坚强。

无独有偶，下面这个故事也充分反映了坦然给一个人所带来的改变。

一个女人遭遇丈夫背叛，绝望之际她决定跳河自杀，正当她准备纵身一跃时，她遇到了一位禅师。禅师问她："你为什么要自杀？"妇人回答："我的爱人背叛了我。"禅师再问："你们结婚多久了？"妇人答："三年。"禅师又问："那三年前在你没有遇到他之前，你的生活是什么样的？"妇人说："无忧无虑，快快乐乐。"禅师问："那么他现在走了，你还是一个人，和以前的生活本质有什么不同吗？"妇人听后豁然开朗，立刻放弃了自杀的念头。

不论遇到怎样的不幸都已经过去，为过去的痛苦和悔恨而失去现在的快乐是多么不划算的事啊！因为你再悲痛欲绝也无济于事，未来还遥不可及，现在的心情和现在的人却是实实在在的，因此活在当下才是最大的智慧，也是最好的心态。

生命是可贵的，生活是美好的，在所有的不幸面前都要学着去看懂生命的本质和生活的真相，那样你就会善待自己。人生总会遇到失败、挫折、痛苦和折磨，这个时候请不要让自己的心灵布满阴云，请不要抛开生活中一切美好的东西，而要学会爱自己，对自己说：这一切都会过去，要珍惜生活中的每一寸光阴。

每天给自己一个希望，试着不为明天而烦恼，不为昨天而叹息，只为今天更美好。试着坦然地去面对生活中不幸的人和事，不要过分强求，只有懂得生活，才能看淡那些大大小小的不幸。不要事事都求公平，不要时时都渴望幸福，当你改变了对幸福的衡量标准时，那些不幸对你而言也就成了宝贵的财富。

那些不幸的生活常常不在于别人的罪恶，而在于我们自己的心态。一个心态好的人不仅懂得驾驭自己的情绪，更懂得驾驭自己的生活和工作，他们不会为钱而使自己六亲不认，不会为权而让自己胆大妄为，不会为名而使自己巧取豪夺，不会为利而涂黑了自己的良心，真实的幸福和不幸都在自己的心中，追逐那些虚无缥缈的东西本身已经让我们变得面目可憎，不幸自然也就会光顾。

记得某部电影中有这样的一段台词：“当我们遇到这些不幸时，我们要勇敢地面对，因为父母需要我们，孩子需要我们，亲戚朋友需要我们。我们要坚强、要冷静、要忍受、要会解脱、要好好地生活，不要追究得失、不要忏悔、不要谴责、不要消沉等。在这里我祝愿那些不幸的人，从不幸中走出来，愉快地生活。”

超强心态法则：对痛苦只记三秒

生活中我们喜欢用遥控器去选择自己喜欢的电视节目，如果看到不喜欢的节目，马上就会换台，连三秒钟也不会去等。可是面对让自己痛苦的事情或者回忆时，很多人，尤其是敏感的人却做不到让自己只记三秒。他们会反复地过滤和回味这些痛苦和不快乐的情形，让自己沉浸其中，久久不能忘怀。

从心理学角度深入分析，悲观者之所以悲观，主要因为他们的内心缺少一种对信息综合处理的能力。他们只接收了不快乐的信息而拒绝其他信息的时候，就容易出现“情绪塞车”。这就像有一座桥，当所有的车辆都经过这座桥的时候，这座桥就会出现堵塞。人也一样，当一个人出现了痛苦、烦恼，并且这种情绪和其他的情绪相遇时，负面情绪往往就会占据上风。如果修了很多桥，四通八达，也就是我们内心有多种概念系统，那么在处理信息的时候，就会让信息通畅，这些信息就不会在内心产生纠结或者堆积。由此可见，负面情绪的拥塞才是心理痛苦的根源。

人生的挫折和打击是生活的一部分，而痛苦就像下雨天，时不时地就会出现在生活里，犯不着因此而不快。当你因为一件事或者一段回忆感到痛苦的时候，首先要学会疏导自己的情绪，不要沉浸于痛苦的情绪中，要积极寻找途径，重建现实。

那么，如何疏导呢？先看一个小故事。

有一位国王总是很烦恼，他就派大臣去找快乐的人，他想看看那些快乐的人都是怎么生活的。最后大臣找到了一位农夫。国王问农夫：“你整天都快乐吗？”农夫回答说：“当然！为什么不快乐呢？”国王说：“那我为什么总是容易不快乐呢？”农夫说：“你有健康的身体为什么不快乐？你有享受生活的良好条件为什么不快乐？你有父母的呵护和子女的陪伴为什么不快乐？你还有数以万计的臣民拥戴为什么不快乐……”国王终于明白，快乐就是珍惜现在，多看看自己拥有的那些东西，而不是过多在意那些看不见、摸不着的东西。

哲学里讲，真正的快乐只有一种，就是苦中作乐，如果消极的人能做到这点，积极面对人生，就一定会得到生命的馈赠。

学会调节面对痛苦挫折的心态至关重要，除了上述的心理疏导之外，还要结合自身的情况进行心理重建。当然这需要一个过程，人生原本不可能一帆风顺，总有各种坎坷，你最需要做的就是对痛苦学会慢半拍。

慢半拍是需要智慧的，丢掉那些不快乐的事当然也需要方法，其中一种就是转移注意力。比如当你得知工作中被最信任的同事蒙骗之时、被心爱的人背叛之时、某某欠你的钱总是找借口不还之时，不管这个时候你有多愤怒，首先要做的就是转移注意力，去做你最喜欢做的事情。老百姓常说的一句话“闲的”，意思就是说人一闲，忧愁就多，烦恼就多。等你真正忙起来的时候，你是根本没有时间和精力去想那些不快乐的事的。

学会深呼吸，告诉自己“我能行”。倒数十个数，说话的速度尽量保持平稳，告诉自己“我做得到”。你还可以拿出一张纸，将所有的不快都宣泄到纸上，等你平静下来的时候，告诉自己“都过去了”。这个过程是在掌控你的情绪，也在锻炼你的思维，更是教会你怎样对痛苦和不快保持平常心。等你能够以平常心去对待生活中的不快时，即使再遇到痛苦的事，也能用积极乐观的态度去对待，那么，你已经不属于消极者的行列了。换句话说，你已经走在幸福快乐的康庄大道上了。

第八章

爱情不失控：爱在时当守，逝去时当放

看大千世界万事万物，有失败就会有成功，有完美就会有缺陷，应让一切顺其自然，以坦然的心态面对生活，面对人生。逝去的就留作纪念吧，得到的要更加珍惜，有梦想就应加倍努力。

执着于细节，有时会扭曲真相

莫泊桑说过：“一件极微小的事，可以成全你，也可以毁掉你。”而爱情，恰恰是世界上最容易被“微小的事”毁灭和成全的事情。“细节打败爱情”，电视剧《裸婚时代》里的一句话，曾引发全民热议。如果你认为那只是影视作品的渲染力的话，那么生活里的故事却足以证明这一点。我的同事曼丽就是这样一个被细节打败爱情的女人。

2011 年元旦，公司所有同事共进晚餐，西餐厅的气氛前所未有的好，台上歌手唱的也都是大家喜欢的歌曲。在那里，曼丽认识了一个男人。我们原本以为这是一个擦肩而过的故事，不想他们却成就了一段佳话。

那天晚上之后，他们开始了双城之恋，从武汉到株洲（男人在株洲工作）相隔 400 多公里。那个男人几乎每个月都会坐硬座来看望曼丽，而曼丽去看望他的时候，他总会给曼丽买高铁票。有一次曼丽告诉我们，她曾经在他的口袋里发现他的车票竟然是无座的，他是站了几个小时来看她的。也是在那一刻，曼丽眼里噙着眼泪对我们说她要和他结婚。

终于，那个男人为了曼丽辞掉了株洲的工作来到武汉，两个人义无反顾地冲进了婚姻的“围城”。婚后有很长一段日子，曼丽是非常甜蜜的，每天都能看见她幸福的笑脸。可时间不长，这样的情形就变了，并且变得让人不可思议。

曼丽怀孕后，因为身体不舒服请了一个月的假。在那一个月的时间里，她每天需要做的事情只有安心养胎，而那个好男人则更加辛苦努力地工作。一次，曼丽晚上睡着后，她的手机响了，是一个陌生的电话，她拨过去，电话里是很嘈杂的声音。挂掉电话后她又给老公的同事打过去，得知他正在KTV里应酬。她赶了过去，看到她的老公正拉着一个女人的手唱着《知心爱人》。就是这样一个细节彻底让曼丽失控了，无论男人事后怎么解释她都不听，也不信。后来，她毅然打掉了肚子里面的孩子，坚决选择了离婚。

这样的情节在许多情侣中都出现过，由此可以看出，爱情成败的关键，未必在你的收入、工作、房子等大的问题上，倒可能在约会、看电影、吃饭、旅行、玩笑等一些小的问题上。换句话说，大问题可能阻碍你的爱情，但小问题却可能破坏你的爱情。爱情没开始当然谈不上痛苦，但甜蜜的爱情因为忽视小节而夭折，是让人无比遗憾的。

不够冷静则是让人遗憾和痛苦的直接原因。

现在绝大多数人都很聪明，可正是因为太聪明了，往往变得异常多疑，稍微有个风吹草动，马上就会草木皆兵，一丁点儿的问题都会被无限夸大，就像曼丽一样，只是一个普通应酬和逢场作戏，就被她看作人品问题、作风问题，最后彻底以离婚收场。

如果这个时候，她能够宽容一点儿、冷静一点儿、理智一点儿去分析这个男人的行为，如果能听他一个合理的解释，给自己一段冷静的时间，那么或许是另外一个结局。

从这个角度说，细节成就了一个人与另一个人的缘分，细节让一个人爱上了另一个人，但同样也是细节毁掉了他们的幸福。电影中多少痴男怨女，为了面子，为了各种自以为是的理由给自己戴上厚厚的面具，殊不知，对方一声问候、一丝温暖就可以让他情感决堤，泪流满面。

爱情似乎和细节有着不可分割的联系。

现代人在爱情中很敏感已经成了普遍现象，为了树立正确的爱情观，你要了解以下几点：

爱情不是生活的全部

中国人习惯将感情私有化。“你是我的。”这是爱情中男女挂在嘴边的一句话，有时候这句话让人甜蜜，有归属感和幸福感；有时候这句话成为束缚，让你为一丁点儿的改变而坐立不安。“如果没有你，我就没法活下去！”“你是我的天，你走了，天塌了！”……诸如此类的话，都是信奉爱情大于天的人常会念叨的，可爱情真的能大于天吗？不能。爱情真的是生活的全部吗？不是。爱情只是生活中的一部分，甚至一小部分。

敏感因人而异

女人大都敏感，因为她们感性，有时过于情绪化。爱的时候死去活来，恨的时候天崩地裂，这样的极端都源于敏感所带来的脆弱。男人也会敏感，专情的男人在意自己爱侣的一举一动，但不像女人那么极端，他们懂得分散注意力，正是适度的钝感让男人在感情中比女人少受一些伤害。

在中国的文学作品中，最为典型的代表人物当属林黛玉，她到了天天不哭上两三次是过不完一天的程度，把爱她的男人搞得焦头烂额。像这样，时间长了换谁都是受不了的。男人希望女人表现出来的是细腻、体贴和适度的管束，而不是任其膨胀而过犹不及。

浪漫是爱情的保鲜剂

几乎所有人都喜欢浪漫，包括男人也是如此。中国人大多很含蓄，倾向把浪漫的权利让给对方。实际上，无论哪一方，只要是用心付出，那么每个细节都会有浪漫的潜质。

所以，若想让自己的爱情之树常青，若想让婚姻之巢永固，你就必须懂得如何取舍，如何收放，如何经营，如何驾驭，如何掌控。

有句话说得好：如果他是鸟儿，就给他蓝天，天高任鸟飞，飞累了，总有归巢的时候；如果他是鱼儿，就给他大海，海阔任鱼跃，游远了，总有回头是岸的时候。

别让妄想症毁了幸福

幻想是建立在现实的基础上的，比现实更加美好和优化。幸福需要幻想，这样可以在不完美的现实基础上构建一座理想的桥梁，通过幻想来实现那无可挑剔的美好一面。可人毕竟生活在现实生活中，幻想再美丽，也不可能一一实现，因此，适度的幻想可以提升恋人的幸福度，一旦幻想失去控制，变成妄想、狂想，这对想象者本人和被想象的对象来说，都是灾难，而不是幸运。

爱情妄想一般在女性中比较容易出现，男性因为理智和冷静，很少出现这些不着边际的幻想。因为他们懂得，再花哨完美的幻想，都是不可能实现的。

我在微博里看到一位朋友的故事，征求过她的同意后，现在转载如下：

他是一位律师，人很帅气，收入颇丰，当他出庭辩论的时候，还有开着那辆黑色的帕萨特驶到我眼前的时候，我一度恍惚，这就是我的幸福吗？几年前，一次难得的机会终于使我们相识。当我们的目光碰在一起时，我感到全身战栗，觉得一场罗曼蒂克的恋爱就要拉开序幕。我一开始就喜欢他，而他也是一样，我们彼此似乎心有灵犀。

每天早上，当我准备向他问早安的时候，一条温暖诗意的短信飞到我的手机上，那是美好一天的开始。晚上加班的时候，他会带着我最喜欢吃的饭菜到公司来陪我。在接下来的一两年里，类似这样的浪漫片段频繁在我们之间上演，他以各种方式向我表达他的深情，我真的觉得，幸福得一塌糊涂。今生有他，我别无所求！

如果单看情节，一定会让人特别感动。但实际上这都是她对于一些普通信息所做的“过度解释”。在这种一厢情愿下，她觉得自己的生活充满了幸福，实际上根本没有这回事，对方自然不会有任何表示。也因为如此，她一次一次错过了原本可以获得真正属于她幸福的机会。

这种妄想我们可以称之为“爱情妄想”。爱情妄想就是将一些完全没有的信息强加到自己的身上，然后自我安慰地说：“不是我爱上他，是他爱上了我。”所以……为了给爱情妄想冠以可信的名头，爱情妄想者还会刻意地去寻找一些线索，甚至微不足道的信息都可能成为他们的有力证据，然后在这样的病态情结中越陷越深，最后不可自拔。

所以说，爱情妄想症是一张柔软而华丽的网，很多人自愿地披在身上不断编织着各种恋爱的美好片段来取悦自己，实际上他们的内心非常脆弱和孤独。那些美好的片段是因为现实中无法实现，才拿幻想来安慰自己的。因此，他们宁肯编造一段完美的感情来欺骗自己，也不愿意面对现实。最典型的特征就是，他们在现实中受到挫折或者恋情不顺，就会不自觉地把自己的期望寄托在某个人身上，这个人他可能认识，也可能不认识，可能是偶像明星，也可能是同事、同学、熟人。事实上，真正的爱情不可能只有那些浪漫美好的片段，柴米油盐、鸡毛蒜皮、喜怒哀乐都有的感情才是真正的爱情。

如果你只是轻度妄想，那么不妨将这个美好的秘密珍藏起来，不影响自己也不影响他人，给自己留一个粉红色的梦，作为生活的点缀，也不乏是一件美好的事情。如果妄想的症状严重，不但会影响你的情绪和心情，更会毁了现实中原本真实而美好的感情，进而给生活和感情带来巨大的损失。

及时给不愉快“清零”

人都是在成长中学会遗忘的，所以，记性再好的人也无法记得每天的行为，随着时间的推移，有些事物自然会从我们的脑海中一点点地淡去。感情中不愉快的事情和曾经让你刻骨铭心的片段也是如此，该忘记的就尝试着放下，过去的就让它过去，不必用过去的事物阻挡自己未来的发展。人生可喜的是它不必重来，可悲的是它无法重来，既然不能回到过去，何不一步迈过。

及时给自己“清零”，轻装上阵是最快乐的活法。记住该记住的，忘记该忘记的，洒脱人生，心无牵挂，你会发现，生活如此美好。无论你选择哪一种方式，过去的时间都不会等你。乐也一天，愁也一天，何不开心地度过，因为，过了今天，一生中就再不会有今天出现了，为什么要让自己在后悔和难过中度过呢？

有一次，阿里和吉伯、马沙两位朋友一起去旅行。三个人行经一处山谷时，马沙失足滑落，幸而吉伯拼命拉住他，才将他救起。马沙于是在附近的大石头上刻下了：“某年某月某日，吉伯救了马沙一命。”三个人继续走了几天，来到一处河边，吉伯跟马沙为一件小事吵起来，吉伯一气之下打了马沙一耳光。马沙跑到沙滩上写下：“某年某月某日，吉伯打了马沙一耳光。”当他们旅游回来后，阿里好奇地问马沙为什么要把吉伯救他的事刻在石头上，将吉伯打他的事写在沙滩上。马沙回答：“我永远都感激吉伯救我，我会记住的。至于他打我的事，随着沙滩上字迹的消失，我已忘得一干二净。”

这个故事告诉我们，牢记别人带给你的幸运，忘记别人带给你的不幸，这才是做人的智慧。

感情也是如此。

艾米是一位非常出色的策划师，在行业内有着非常好的声誉。和她共事的那几年里，我亲眼见证了她创造出的一个个奇迹。离婚后的她几乎把所有的精力都扑到了工作上，成了不折不扣的女强人。在她步入事业巅峰的时候，她遇到了一个男人。这个男人看起来对她很好，甜言蜜语，送花请客，一起去旅游。这样的浪漫攻势维持了两个月后，她忽然离职了，紧接着去了那个男人的公司。

她的加入对那个男人来说无异于如虎添翼，短短几年时间里，男人买了别墅，买了豪车，而她的工资从入职的时候起到最后离开始终没有变过，除此之外，他还无数次地利用她。对此，她心甘情愿，直到最后被那个男人以爱情的名义伤得遍体鳞伤，她才离开了他。

我们都知道她对他投入了很深的感情，我们都以为这次之后她再也振作不起来了。整整两年，她足不出户，大家都替她担心。两年后，她再次踏入职场，不久便又风生水起。

一次吃饭的时候，我无意中提起那个男人，忽然意识到自己的口误会让她难堪，却没想到，她愣了一下，然后问我：“那个某某是谁？”曾经魂牵梦绕、刻骨铭心的爱情，以及男人带给她的欺骗和伤害在短短的两年内已经被她全部忘记了。

现实中，大多数人难以做到如此洒脱，尤其是女人。一旦被感情伤过，很多人便会很多年甚至一辈子都耿耿于怀，殊不知那根刺存在于心里让你总是不能快乐。感情上的伤害不在于多么难以忘怀，重要的是从痛苦中走出来，时间是最好的良药，它可以治愈一切伤痛。不要刻意地去遗忘，那样只会更加的难忘。人生不如意十之八九，要让自己快乐，就必须给自己减压，减压的好方法就是学会忘记，人生需要拿得起，也需要放得下。

佛经里有个小故事，说小和尚和老和尚一起去化缘，小和尚毕恭毕敬，处处以师父为榜样。走到河边，一个女子要过河，老和尚背起女子过了河，女子道谢后离开了。小和尚心里一直想着，师父怎么可以背那个女子过河呢？但他又不敢问，一直走了20里，他实在憋不住了，就问师父："师父，我们是出家人，你怎么能背那女子过河呢？"师父淡淡地说："我把她背过河就放下了，可你却背了她20里还没放下。"

老和尚的话充满禅意，仔细想想，也就是人生的道理。人的一生像是一次长途跋涉，不停地行走，沿途会看到各种各样的风景，经历许许多多的坎坷，如果把走过去、所看过的都牢记心上，就会给自己增加很多额外的负担。阅历越丰富，压力就越大，还不如一路走来一路忘记，永远保持轻装上阵。过去的已经过去了，时光不可能倒流，除了吸取经验教训以外，大可不必耿耿于怀。

乐于忘怀是一种心理平衡，需要坦然真诚地面对生活。能够忘记情感伤痛时的尴尬和窘迫是一种智慧，反复咀嚼感情的痛苦，永远一脸的苦大仇深就不足取了。印度诗人泰戈尔说过："如果你为失去太阳而哭泣，你也将失去星星。"为他的一句谎话计较，为一份没有兑现的节日礼物而难过，为他的海誓山盟最后没有兑现而怨恨，为他的一次背叛而耿耿于怀，最后只会让过去的悲伤阻挡了未来的幸福。总是念念不忘别人的坏处，实际上深受其害的只会是自己，既往不咎的人，才会生活得快乐轻松。

适时给情绪减减压

情绪就像打哈欠一样，一个人打哈欠，周围的人也都跟着打哈欠。好的情绪会感染人，坏的情绪也会感染人。有心理专家说过，我们对他人的情绪感染包括快乐的情绪（眼睛闪光、皱起鼻子笑等）、消沉的情绪（叹气、愤怒、痛苦等）。哈佛大学教授克里斯塔基斯和加利福尼亚大学圣迭戈分校教授福勒发现，快乐情绪能够感染亲友、邻居和室友等人。据测算，当群体中有一个人变得高兴时，他的快乐情绪传染给“朋友的朋友的朋友”的可能性是 5.6%。研究还发现，不仅是好的情绪容易传染，负面情绪有更强烈的传染性。

一般来说，消沉的情绪更容易对女性产生影响，相对而言，男性较少情绪化，也较少受他人情绪影响。但是，如果是情侣或者夫妻，女性的情绪则会直接传染给对方，使他笼罩在压抑烦闷的氛围中，久而久之，两个人的感情也会因此而产生影响。

的确，在现今社会，每个人都身负重压，房价攀升、物价疯涨，工资却停滞不前，年轻人背负着幸福的重担踟蹰前行，要升职，要买房，要换车，要发财……让不少年轻人大呼吃不消，人的情绪也变得越来越糟糕，蔓延的坏情绪，往往最容易迁怒到身边亲近的人。长此以往，你的这些坏情绪只能让身边的人离你越来越远，如果不及时调整，很可能会让两个相爱的人分道扬镳。

案例一：

我结婚才一年多，却频频与妻子争吵。结婚前，我的收入已经低妻子一截，但因为两个人都没有太多需要开销的地方，所以没有矛盾。结婚后，我自认为作为一个男人，理应承担起家庭责任，所以无形中，我的生活开销就大了起来。恰逢今年生意不太好做，收入也没有预期的高，工作上也不顺心，我的情绪开始低落，心情变得很差。这半年，生意越来越难做，想不出有效的解决办法，而这些烦恼妻子是不会懂的，我的苦无人可诉，只能拉长个脸，自己暗自消化。原本以为，我的烦恼并不会影响妻子，但事实上，妻子很有意见。好几次她因为我的冷脸而与我吵架，说我这样的情绪让她的心情很不好，整个家庭氛围都很凝重。对此我有些生气，我只是因为烦心事太多没法让自己愉快起来，这难道也是一种错吗？我与妻子吵了几次都没有结果，妻子现在很少对我微笑了，我们回到家都各自干各自的事，冷冰冰的，形如陌路。

案例二：

我是做房地产中介工作的，工作至今已经四年多了。几年前，房地产事业做得很红火，买房卖房的人一拨接着一拨，可是随着房地产行业的低迷，我的工作也开始停滞不前。房地产交易进入惨淡期，没有成交量，我也就没有了提成。我每天上班，都愁着怎么样尽快达成几笔交易，以便让自己的生活状况得到改善。现在我压力很大，钱没攒多少，银行存款日渐被消耗掉，我心里非常焦急，脾气变得越来越不好。每次遇到不顺心的事情，就拿老公出气。老公也曾与我吵架，说我变了，变得野蛮不讲理。这种状态持续了大半年时间，老公终于忍无可忍，去了外地做生意。他只给我发了一条短信，写道："我再也无法忍受你的坏脾气了。"我现在很后悔，当时若是能控制自己的情绪，就不会把他给气跑了。

诚然，上面两个案例中，夫妻的感情都没有实质的问题，但当一方常常拉着脸回到家里将不愉快的姿态、表情和语言展露在对方面前时，实际上已经传达了负面情绪，而对方也在不知不觉中受到了影响。心如一面镜子，照山是山，照水是水。情绪也是如此，如果总是看积极的方面，就会产生乐观的情绪；如果总是看消极的方面，就会产生悲观的情绪。

当然，在爱情中小吵小闹无法避免，适度的吵闹可以增加彼此的感情，但长期的不愉快就会影响到双方的感情。所以，情侣或者夫妻在处理和对方的关系时，一定要把握好自己的情绪，在尊重对方的前提下正确地表达自己的情绪，让他（她）明白你的烦闷情绪并不是针对她（他）的。相信对方也能理解你的烦闷并愿意和你一同去解决。

另外还要明白，两个人即使再恩爱，也是互相独立的个体，当意见相左或者发生不愉快的时候，不妨平静地向对方表达出你的观点和想法，而不是将自己的情绪强加于他人，无论多么亲密的爱人都没有义务去承担你的负面情绪，这也是对爱情和对他人的尊重。

多一些冷静，少一些冲动

世界上最美好的感情莫过于爱情，但美妙的滋味背后也经常穿插着苦涩，爱情中的男女很容易迷失在这个充满幻觉的迷宫里。我问过别人为什么会分手，他们给了我几个让我哭笑不得的答案："在我们约好的时间和地点，他没有出现，放了我鸽子。""我昨天晚上跟他吵了一架，第二天我发现他把我的QQ删掉了。""他说好情人节送我玫瑰的，结果抱了一棵大白菜站在我的门口。"最离奇的是一对80后的小夫妻，上午闪电结婚，回去睡了一觉，起来刷牙的时候，两个人因为挤牙膏的问题发生了激烈的争吵，两个人争执不下，于是下午赶在民政局下班前，去领了离婚证。

实际上，事情没有想象的那么严重。约会迟到或许是因为堵车，或许是因为发生了什么紧急情况，互相谅解一下就可以了。因为吵架就把QQ删掉，当时觉得很爽，但可能过几天就要后悔了，何况删得掉QQ却删不掉曾经相爱的记忆。有人喜欢捏着牙膏管的上端，有人喜欢捏着牙膏管的下端，只要能把牙齿刷干净就行了，何必在意形式。可就是这些微不足道的小事却实实在在地摧毁了他们的幸福，其根本原因就是太敏感。他们对这些小事不能就事论事地处理，而是上纲上线地评论，将鸡毛蒜皮的事和人品、婚姻观扯到一起，如此一来，感情和婚姻肯定会受到影响。

中国人对感情有一个误区，认为两个人的感情一旦确定下来，"你就是我的了”。这种私有标签在很大程度上变成了损害感情的导火索。因为你爱我，所以我们的感情是铁板上钉钉的事儿，不再需要努力，剩下的就是白头偕老过日子了。事实上呢？两个人的摩擦和纷争才刚刚开始，各种鸡毛蒜皮的事情都可能让双方争得面红耳赤。菜里盐放多了，臭袜子不洗，东西到处乱丢，接电话声音太大……

研究亲密关系的社会学家认为：双方之间的摩擦恰恰表明两个人的关系进入了同化阶段。两人之间越亲密无间，起冲突的可能性就越大。

两个人共同生活，就意味着两种不同的文化之间的碰撞。当两人的不同表现出来的时候，摩擦就出现了，说到底，还是习惯的问题。两个来自不同家庭环境、不同教育背景的人生活在一起，难免会出现差异。从个人观念到价值观，那些琐琐碎碎的小事，对于爱情的双方来说都是不小的矛盾，除去这个矛盾本身，其背后往往还包含着两个人情绪的对峙或者是认知上的冲突。简单地说，就是两个人的感情不同步，这种不同步一般在情侣之间是不可避免的，所以，两个人在生活中为鸡毛蒜皮的事情吵吵闹闹再正常不过了。

问题是，对于生活中的这些小事该怎么对待？这些小事固然不重要，可它们非常影响人的心情，甚至会影响两个人的感情。

首先，不管事大事小，两个人都不要急躁，可以冷静地进行交谈。

在交谈的时候，人们最容易犯的错误就是，明明是为了解决问题而交谈，可谈着谈着，那些埋怨的话就不时迸发出来，于是两个人的情绪都大爆发，导致谈话无法继续，最终不欢而散。

导致矛盾升级的一个重要原因就是对小事处理不得当。比如女人认为男人不应该乱丢袜子，男人认为这里是我家，怎么自在怎么来。女人可以在这个时候把自己的感受告诉男人，并且规劝他注意家庭整洁卫生，也要注意个人卫生。可女人有时会情绪化，将乱丢袜子的问题上升为两个人的感情问题，认为男人不在乎她，不尊重她的劳动和付出，甚至认为男人有了外遇故意冷落她。如此一来，纵然男人有十张嘴也说不清了。

在婚姻关系专家看来，伴侣间的这种小摩擦，常常是一种权力的游戏。对某种令伴侣愤怒的习惯的坚持，就是对权力的争夺，或者是对两个人感情的支配。如果爆发、努力对话、肢体语言和沉默逃避都不能消除彼此间的摩擦，就可能会出现通过激怒对方而得到某种回应的情况。比如，一个男人无法忍受老婆总是在离开房间后“忘记”关灯，事实上他老婆是故意不关灯的，这当然也有原因：谁让你总是不收拾房间！以牙还牙只会让局面变得更坏，要想好好处理小事，让感情重新升温，还是得控制自己的情绪，耐心、客观、冷静地去解决问题才能让两个人的感情更好。

爱情的战场没有输赢

有一种说法，当聪明男人遇上聪明女人，结果等于战争；当“傻”男人遇上聪明女人，结果等于绯闻；当聪明男人遇上“傻”女人，结果却是等于幸福。许多人出现感情问题，问题在于不知道什么时候该聪明，什么时候该装傻。为此，聪明的女人犯愁了，聪明不是自己的错，难道应该为这个本应让人羡慕的优点品尝婚姻的苦涩吗？办法不是没有，那就是在两个人遇到问题的时候适当地装装傻，不要情绪化，不要针锋相对。要知道男人都是要面子的，如果你给足他面子，他不但会感激你，还会加倍对你好。可有的人就是不懂这样的道理，雯雯就是这样一个不会装傻的女孩。

说出来可能有点儿不可思议，在雯雯和男友恋爱的三年里，她一直坚持着一种习惯，就是写记账本。这个账本不是记录他们日常的花销，而是记录男友在爱情细节上亏欠她的事情，不信来看看：

2016 年 5 月 10 日：今天他出门的时候居然没有吻我，这么重要的事情都忘了，不知道他心里在想什么。

2016 年 5 月 14 日：以前给他打电话，最多响三声就会接，可是自从他换了业务员这个工作后，总是比以前多响那么两三声才接，甚至不接，过后才打过来，他是不是烦我了？

2016 年 5 月 20 日：他不再把我放在心上，今天他请我吃饭，居然带我到街边小馆用8元钱一碗的菠菜面就把我打发了。

2016年5月21日：他上床倒头就睡，对我新买的睡衣视而不见，难道他在新公司和其他的女人好上了？

……

让我诧异的是，这样的账本她居然能坚持记三年，如果换作一般女人，如此不愉快的记录能坚持一年就已经非常不错了。在所有的婚姻中，不幸的婚姻占50%，而破坏爱情的"魔鬼"就是多疑，其表现为非难和责怪。这些非难、责怪不是因为某一方有什么恶行，而是家庭中那些很小的琐事为此提供了导火线。如果雯雯只是记录一下，事后能够理解对方，也许这真的是他们的感情能坚持三年的理由，可如果她是一个消极的女孩，稍有不快就抓住对方的把柄不撒手，也许，那本情感账本也是她对男孩所有不愉快的回忆了。

爱情需要装点儿糊涂，但对待生活小事更多的是需要钝感，这样就会减少很多非难和责怪，两个人感情中的不幸因素也会减少很多。当然，装糊涂不是打"肚皮官司"，更不是"留一手"，等到"秋后再算账"，而是为了给对方留点儿面子，给矛盾留点儿解决的余地，给家庭生活增添点儿美感。

萧逸和方舟恋爱三年，结婚两年，是人人羡慕的小两口。可他们却有着大家意想不到的困难。一次聚餐的时候，我们意外得知，方舟做生意赔了十几万，现在把房子都抵押了，如果不能按时还债，他们就会被扫地出门，重新在外面租房子住。不但如此，方舟原本答应到他们结婚三周年的时候带萧逸去普吉岛旅行，可现在连个影儿都没了。很多朋友替萧逸打抱不平，认为她嫁给方舟是吃大亏了。谁知道，萧逸对此却淡淡一笑："我觉得没你们想的那么严重，他对我一直挺好的，只是因为现在是非常时期，我应该支持他才对。而且，生活中的小事也不用计较得那么清，差不多就行了。即使我不说，他也知道他欠我一次旅行，等他渡过难关后，我相信他会给我补上的。”

爱情中的敏感力和钝感力，我想每一对情侣都应该具备，并且学会发挥在恰当的时机和场合。那些不和谐的小矛盾、小摩擦应该学会尽快忘记，或者反应迟钝一些去接纳；当你需要理解对方的时候，敏感力就要及时发挥作用，这样会获得对方的感激，感情甜蜜度也会因此而上升。

就像萧逸一样，虽然方舟做生意赔了钱，虽然结婚周年没能兑现去旅行的愿望，可他们依然相爱，他们战胜困难的信心依然坚定。何况，健康、幸福以及生命的财富依然牢牢地掌握在他们的手中，在这些大的财富面前，那些失去的浪漫和钱财就显得微不足道了。学会善意解读，夫妻和情侣对彼此相处的细节不要太过计较，这样就能避免负面情绪对心情和感情造成的持续影响。

失恋不过是一场“重感冒”

爱情的滋味很甜美，一日不见如隔三秋，卿卿我我，花前月下，煞是美妙。或许正是由于恋爱的感觉太美好，一旦失恋，种种心酸的滋味可就不好受了。恋爱中的痴男怨女习惯了被对方关心、照顾和宠爱，一旦心爱的人移情别恋，心理上肯定是无法接受的，用一句话来形容就是：觉得天都要塌下来了。

这就像一个人听着音乐，即使是单曲循环，他也非常沉醉，而突然停止这样的旋律，他会瞬间不知所措，慌乱、失落等情绪接踵而来。爱情其实也是一种持续的刺激，人们长时间地沉浸其中，就会对其视而不见、充耳不闻。当这种刺激突然停止，也就是恋人突然提出分手的时候，才会感觉到极度的不适应。这个时候，有些人就会有一系列的强烈反应，甚至做出过激行为。

我的朋友小艾，皮肤白皙，身材曼妙，按理来说应该是婚姻幸福的那一类人，可我从来没有见她笑过。后来朋友告诉我，一年前她发现老公出轨后，就变得不会笑了。其实，她的老公只是对那个第三者有好感，还没有到要和她离婚的地步。但她对此反应很激烈，极力搜集证据，最后她的老公忍无可忍，毅然和她离婚。

起初，她用了很多方法去挽留，但看到老公丝毫不为所动，彻底绝望的她马上花钱请了律师，帮助她在离婚时争取到了夫妻共同经营公司的全部资产和控制权，最后她的老公净身出户，囊空如洗。加之她还掌握着公司业务往来中很多内幕交易的信息，所以老公对此也束手无策，她还发短信给老公曾经的生意合伙人，威胁他们中断与老公的业务往来，想彻底断了老公的后路。离婚之后，房子、车子、公司和资产全部归她，她一夜之间坐拥千万资产，可是她一点儿都不快乐。与此同时，她的积怨与日俱增，终日郁郁寡欢。

通常，人们在爱情里会强调自己不计回报地付出，女人更是如此。在婚恋情感中女人总是会把太多的情感需求和期望投射到对方身上，比如全部的信任、依赖、关爱等。与此同时，她们也会毫无保留地付出，把精力全部投注在对方身上，似乎只有拥有了对方，她们才能拥有全部的世界，一旦对方背离了自己，很多人就会瞬间崩溃。

无论爱与不爱，任何人都不可能百分之百地从属于另一个人，哪怕是以爱情的名义。越是敏感，越是想控制对方，最后的结果是越容易失去。就像一个人的手里握着一把沙子，手攥得越紧，沙子漏得越厉害。因此，从某种意义上来说，想在爱情中控制别人的人是匮乏的人，因为其内心的不自信，导致时时处处紧张，以期待从对方那里得到一丝安慰和安全感。殊不知，这样的爱只会让对方感觉到很累，久而久之，对方会感觉到压抑和想逃离，感情自然也就以失败而收场。

一个人除了婚恋中的亲密关系，还承担着其他的社会角色，我们有自己的工作，有关爱自己的亲人和朋友，还有其他一些能带给我们快乐和满足的事情。如果能够把生活中一部分的情感能量放在工作、出游以及兴趣爱好等方面，你就会发现自己的生活更加丰富而宽广。假如你不是一味地在爱情中要求全部，或许在失去的时候，就不会失去自我，即使两个人分开，也会心平气和地看待这一切。

当然，这需要一个过程。

当失恋的男孩或者女孩在知道对方不爱自己后，做出的第一反应就是难过、生气、悲痛欲绝。接下来，会哀求、恳请对方回心转意。“只要你回来，怎么样都行”“我错了，我改还不行嘛”如此等，这些行为都是在抗拒，抗拒对方不爱自己的事实。在抗拒阶段，被遗弃的一方为了让对方回心转意，会苦思冥想自己究竟做错了什么，怎样才能重新使对方爱上自己。他们不停地打电话、发电子邮件和写信，一再地拜访两人共同的朋友……随着这些挽救行为的愈演愈烈，被抛弃的一方对对方的爱情不仅不会减弱，反而不断地加强。这种现象被称为挫折吸引力，意思是当爱情受到阻碍时，被遗弃者对恋人反而爱得更深了。这个过程每个失恋的人都要经历，只是经历了第一阶段之后，能否顺利经过第二阶段就成了人生幸福的关键。

有的时候，失恋的第一阶段会持续很长时间，在这漫长而痛苦的时期，有一部分人彻底失去了对生活的信心以及追求幸福的愿望，还有一部分人重新审视自我，然后崛起，将生活的目标转移到事业以及下一个能够带给自己幸福的人身上。

失恋，从另一个角度也说明了双方并不合适，既然他不是你生命中的那个半圆，何必勉强，何必伤心？当你从他的身上转移注意力，当你从失恋中走出来去做一些更有意义的事情时，你就会发现，那段失恋的经历不过就像是患了一场重感冒，万般痛苦之后，生活还是会继续，你将进入下一个人生阶段。告别错的人，才能和对的人相逢。或早或晚，你都值得拥有一份你所期待的新感情。

爱与不爱都与别人无关

写尽人间爱情片段的金庸先生可谓是文学界的泰斗了，在一档电视节目中，当记者询问到金庸先生的感情生活时，这位传奇老人却神色腼腆。他回答说："爱情是两个人的事情，怎么可以当着这么多人的面说呢？"的确，爱情是一块"闲人莫入"的禁区，是两个人的情感世界，实在没有必要当众秀出来。

可实际情况偏偏相反，从明星到平民，从报纸到网络，那些秀爱情的信息铺天盖地，唯恐世人不知道他们有多恩爱。

明星很多时候是出于炒作的需要大秀爱情，那么很多平民百姓也大秀爱情又是为了什么呢？目的都是一样的，那就是炫耀，炫耀他们有多恩爱，炫耀他们的感情有多么甜蜜和幸福。

薇薇就是这样的一个人。她是一个职业撰稿人，以写作为生，在很多报纸和杂志上都有专栏，这些专栏为她赚取了很多名气和金钱，她更因此获得了人生中的第一段爱情。

弗兰克是她的一位读者，起初是因为情感问题和薇薇结识的。弗兰克在一家外企担任人事部经理助理，当时，和他相恋三年的女友在他们结婚前夕和另一个男人走了，弗兰克为此大为受伤，于是就向薇薇倾诉了他的情感经历，并且寻求帮助。就这样，他们从网上聊到网下，很快产生了热烈的感情，两个人相爱之后，薇薇推掉了一部分约稿，腾出时间和弗兰克约会。

被爱情冲昏了头脑的薇薇渐渐地感到力不从心，为了应付那些稿约，她开始将他们的爱情写进故事里。尽管她没有说明她写的是自己的经历，弗兰克还是从中发现了越来越多的蛛丝马迹，他很不高兴地对她说："我希望我的爱情不要成为一件商品，光天化日地展露在众人面前，让大家评头论足。"薇薇原本希望以此来展示幸福的爱情，殊不知她的行为已经惹怒了他。半年之后，在劝说无果的情况下，弗兰克向公司申请回国进修。他们的爱情就此宣告结束。

幸福是自己的，爱与不爱都与别人无关。喜欢将爱情的幸与不幸都公之于众的人，本身就是存有自卑心理的人，这一点在女人的感情世界里表现得尤其强烈。完美爱情或美满婚姻对她们来说尤为重要，一旦得到了她们以为稳定的恋情就迫不及待地向周围的人炫耀起来，天天对别人说着"我老公好爱我"之类的话，用感情上的完美得出自身很出色的结论。

其实，大秀爱情也反映出一种过度自恋的心理。爱情中的人往往很虚荣，如果自己的爱情不是那么糟糕，说什么也是要晒一点儿幸福的：可以晒晒男友或老公的风度、财富、地位、权势，如果这些都没有，还可以晒晒他对自己的疼爱或者两个人的合影，并在晒的过程中充分地享受着别人投来的羡慕或嫉妒的眼光。

像这样喜欢显摆恩爱的人大都缺乏安全感。有句话说得好：没有什么才显摆什么。有些人晒自己的幸福无非是为了获得一种安全感，晒出来了，自己心里也就踏实了，他们会天真地以为，当恋情见了光，两个人在一起就是不会改变的事实了。所谓晒出的那点儿幸福只能说明他们所能炫耀的幸福多么有限，而晒爱情也成了他们唯一有兴趣去做的事情，这样的人生不是太苍白单调了吗？而且一旦感情有变故，这些人往往一蹶不振，所有的信念瞬间坍塌，再无幸福可言。

真正幸福的人是不需要秀的，真正的爱，只适合存在于心中。爱情始终是两个人的事情，与他人无关，不该拿出来让别人来评头论足。这种做法，不是放大了爱，而是亵渎了爱。爱情是需要用一颗真挚的心来衡量的，如果你真的爱他，就用实际行动来表达吧！

学会善意解读爱人的言行

爱情中的男女，凡事总喜欢追根究底。英国《每日邮报》的一项调查数据显示：48% 的男人和女人都曾欺瞒过对方，27% 的男人曾对女人撒谎，来获取泡吧或者看球赛的机会……

对于这样一个事实，爱情中的双方表现出截然不同的两种反应。有一些人一旦发现对爱情不忠的言行举止，马上就会刨根问底，甚至会夸大事实恶意攻击。还有一些人选择宽容理解，并给自己和对方一定的空间和时间，去消化和解决这些问题。

温岚就是这样一个人。她非常爱她的丈夫，但是她爱丈夫的时候也没有忘记珍爱自己。她的丈夫常年在外地经商，但他们的感情十分融洽，我从来没见过他们吵架。有时我故意和温岚逗趣："你们总是这样两地分居，难道你不担心他在外面寻花问柳？"她笑着回答："我和他的爱从我接受他的那一天起就是平等的，结婚的时候我就给了他信任，我爱他，但我从来不苛求他，我想他做的每一件事都有他的理由。我也从来没有把我全部的生活都抵押给他，我有我的事业，有我的朋友和亲人，我有什么担心的呢？"其实，有时候感情就是这样，你放开反倒是一种最好的把握。

与其说这是一种爱情的钝感力，不如说这是一种善于经营感情的智慧。在爱情中，如果我们常做恶意的解读，接下来自己就会很难受："我就知道他是故意骗我的，他太可恨了！”许多女人会因为误读男人的言行，于是把自己变成一个受害者，从此一蹶不振。比较好的做法就是善意解读：“我想他没接电话一定是有事不方便，相信等他有时间一定会给我回电话的……”学会善意解读，幸福感就会大幅度提升，也就能更长久地经营一段感情。

不光是女人，爱情中的双方都希望能够获得对方的善意和理解。因为当一个人爱上另一个人的时候，并不希望在爱的约束下失去自己的生活，男人在乎爱情的默契、宽容和理解，女人在乎男人的忠诚、细腻和关怀，说到底都是彼此理解。如果能够换位思考，站在对方的立场上去想一想，他为什么那么做，如果换作自己，是不是也会做出那样的决定，那么两个人的相处就会变得非常简单。相反，如果只考虑自己的感受和自己的利益，一旦双方意见相左，马上就会变得格格不入，即使是对方的一个善意行为，在你的眼里也变成故意而为之了。

有这样一个爱情故事，它通过一个细节表达了爱情里两个人的不同心态。

女人娇小玲珑、小鸟依人，男人高大魁梧、阳光睿智，他们的结合让周围很多朋友羡慕。有人对她说：“能嫁给他，是一辈子的福分。”女人只是笑。她心里怎能不知道，自己有多粗枝大叶。谈恋爱的时候，她经常弄丢钥匙，只要给他打个电话，他就会风风火火地跑来，二话不说爬上她宿舍门上的那扇小天窗，然后纵身一跃，跳进去为她开门。

结婚后也是一样。她慢慢习惯，习惯所有的麻烦都由他来处理。直到他开了公司，整天早出晚归、披星戴月地忙碌，她想跟他说句话、见一面都难。当初那颗幸福滚烫的心一点点地冷却。

那天，她下楼拿快递，刚出门，风就把门关上了。她给他打电话，他只说在开会，走不开。她就那样在风里哆哆嗦嗦地站了好几个小时，那一刻，她万念俱灰。晚上他回来，不停地道歉，她不理，心里寻思着怎样开口跟他说离婚。

第二天她去信箱取报纸的时候，看到一个信封，里面一把铮亮的钥匙掉了出来，信封上写着一句话：给你留一把备用钥匙，用完记得放回信箱。

她捏着那把锃亮的钥匙，眼里早已蓄满晶莹的泪水。

故事里，男人因为工作而不能走开，马上就被女人误以为是不在乎她了，女人甚至对他们的婚姻产生了怀疑和动摇。实际上，这个男人一直在乎她，在乎他们的爱情和婚姻，只是换了一种方式而已。如果能够冷静地设身处地地站在那个男人的角度想一想，或许她就不会那么冲动，所幸后来她亲身体会到了男人的心意，可假设她来不及去发现男人的这份深沉的关爱呢，或许她就要永远错过这份来之不易的爱情了。

爱情里，两个人相处切记要坦诚、信任、宽容、理解，不可事事隐瞒，当发现感情中不和谐的言行举止时，一方千万不要冲动，更不能在没有了解清楚事情真相的情况下贸然做出决定，否则会严重地伤害两个人的感情。事出必有因，如果你能善意地理解爱人的言行，既是对自己的宽恕，也是对爱情的放行。记住：你是他最爱的人，你要理解和支持对方，只有理解和宽容才是爱情最好的保鲜剂。

平平淡淡才是生活

年轻人常常向往“山无棱，江水为竭，天地合，乃敢与君绝”这样的经典爱情。这样海枯石烂的爱情美则美，但多为书本里和影视剧中理想化的情节，现实生活中亦是可遇而不可求的。

我们咀嚼着初恋的青涩味道，到了谈婚论嫁的年龄。少了许多浪漫与幻想，多了几分现实与无奈。年龄、学历、家庭、职业、收入……比对着这些林林总总的条件，好不容易找出一个相匹配的人选，却发现少了那份心跳的感觉。感叹着“人生不如意者十之八九”，与他一起步入神圣的婚姻殿堂。

结婚之初，柴米油盐、婆媳关系等家庭琐事常让年轻的夫妻无所适从。加上两人的性格、爱好不尽相同，很容易产生矛盾和摩擦，如何度过这段危险的“磨合期”是很重要的。如果两人能彼此体谅，相互扶持，走过这段磨合期，婚姻质量就会得到很大程度的提高。

有这样一对夫妻，他们在恋爱时并没有触电的感觉，属于先结婚后恋爱。女人性格外向，爱说爱笑；男人却沉默寡言，不善交际。在他们的婚姻生活中，矛盾和分歧并非没有出现过，但他们相互谅解，相互适应，克服了性格上的差距，日子越过越有味，感情也日渐深厚。相反，还有的夫妻，动辄恶言恶语，拳脚相向，甚至到了离婚的地步，使孩子得不到家庭的温暖，幼小的心灵也受到极大的伤害。究其原因，都是些鸡毛蒜皮的家庭琐事，因为两人针尖对麦芒，互不相让，导致了矛盾的不可调和。追溯当初，两人也曾经爱得天翻地覆。因为不懂得如何经营爱情，他们变得形同陌路。如果说，爱情是婚姻的基础，那么，宽容和忍让则是婚姻的必备要素。

当平凡而单调的生活毫无新意地重复时，当青春的激情和梦想逐渐被消磨掉时，当又一次怦然心动的感觉袭来时，人们往往渴望走出平淡，尝试新的生活。在这抉择的关口，短暂的迷惘可以存在，但请保持你的理智吧，正是因为距离造成了彼此的完美感觉。如果真正生活在一起，也许还不如现在幸福。就把它当成湖面上荡起的微微涟漪，就把它当成人生旅程中一道美丽的风景，把它当成多年以后的一段温馨回忆。

相爱的时候彼此互相吸引，而当我们享受了爱情带来的甜蜜和浪漫后，一切都将归于平淡，回到现实，我们会被生活中的柴米油盐和家务事缠绕着，这时，我们也许会怀疑爱情已经结束了。其实不用怀疑，婚姻就似一杯白开水，恬淡、隽永。

欣赏着身边一道道美丽的风景，羡慕之余，不要忘了，身边的这道风景虽然平平淡淡，但却是无可替代的。

幸福是个朦胧的东西，看不见，也摸不着，幸福却又是很实在的，你可以感受得到。

有一位诗人，年轻、英俊，有才华且富有，妻子貌美而温柔，但他却认为自己过得不快活，因为太平淡了。

有位善良而热心的天使看到他，问道：“你不快乐吗？我能帮你吗？”

诗人对天使说：“我什么都有，只欠一样东西，你能够给我吗？”

天使回答说："可以。你要什么我都能满足你。"

诗人呆呆地看着天使说："我要的是幸福。"

这下子把天使难倒了，天使想了想，说："我明白了。"然后把诗人所拥有的都拿走了。

天使拿走了诗人的才华，夺去了他的财产，甚至他妻子的性命。天使做完这些事后，便扬长而去。

一个月后，天使再次回到诗人身边，看到诗人饿得半死，衣衫褴褛地正躺在地上挣扎。于是，又把诗人的一切还给了他。

半个月后，天使再去看那位诗人。这次，诗人搂着妻子，不住地向天使道谢。因为，他终于得到幸福了。

故事中的诗人在失而复得后，才知道曾经拥有的平平淡淡就是幸福。可现实生活中，一旦失去就很难再回到从前。那么，我们为何不在拥有时就好好珍惜呢？

男人与女人的相处是一种艺术，小事便是连接这种艺术的纽带。别以为只有大事才是事，其实爱情里从来就没有小事，所有的事都是源自爱！

就像电影《甜言蜜语》中，家庭小旅馆遭遇停水了，雯雯的头发才洗了一半，房东金水便将矿泉水缓缓倒在雯雯一头白色泡沫上。雯雯说："几十年后，今天发生哪些世界大事，我都将全无印象，但我一定记得这个下午，向海的阳台，你用矿泉水给我洗头！"

日积月累的小事，对人的影响总是比大事强得多。如果是负面的，不及时注意，很容易把爱情都毁了；如果是正面的，却会让甜蜜的爱情日益浓厚，收获意外的感情。

生活中有许多平淡的小事，如果每一件，夫妻双方都能以一种合理的方式来处理，感情就会在这些小事中越加显得温馨而深厚。小事不小，聚积起来，就聚成了一个叫作“幸福”的婚姻。